Masego Leburu

O impacto dos sistemas de classificação no desenvolvimento da construção ecológica

Masego Leburu

O impacto dos sistemas de classificação no desenvolvimento da construção ecológica

ScienciaScripts

Imprint

Cover image: www.ingimage.com

This book is a translation from the original published under ISBN 978-620-2-19883-7.

Publisher:
Sciencia Scripts
is a trademark of
Dodo Books Indian Ocean Ltd. and OmniScriptum S.R.L publishing group

120 High Road, East Finchley, London, N2 9ED, United Kingdom
Str. Armeneasca 28/1, office 1, Chisinau MD-2012, Republic of Moldova, Europe
Printed at: see last page
ISBN: 978-620-8-05628-5

Índice

RESUMO

Entre os desafios com que a indústria se depara no que respeita à construção ecológica está a questão de decidir o que é ou não considerado ecológico. Isto deve-se ao facto de a utilização de técnicas de construção ecológica ser voluntária e poder ser muito variável. A fim de normalizar as práticas de construção ecológica e fornecer uma medida da eficiência das técnicas, foram desenvolvidos diferentes sistemas de certificação e avaliação a nível mundial. Na África do Sul, a GBCSA criou o sistema de classificação Green Star SA, que visa eliminar alguns dos obstáculos existentes no sector, que muitas vezes contribuem para que não sejam adoptadas medidas de eficiência. Os sistemas de classificação dos edifícios ecológicos proporcionam, por conseguinte, uma abordagem sistemática para a avaliação das práticas de construção ecológica, uma vez que as normas e referências acordadas para a construção ecológica permitem uma avaliação objetiva do grau de ecologia de um edifício. Em última análise, as ferramentas de classificação dos edifícios ecológicos funcionam como um mecanismo para impulsionar a adoção e a aceitação dos edifícios ecológicos. O objetivo deste estudo de investigação era, portanto, investigar os factores que podem impedir o crescimento ou a utilização destes sistemas, bem como o que contribui para a relutância da indústria da construção em obter uma classificação. Os resultados revelaram que, embora estes sistemas tenham ganho reconhecimento, ainda se deparam com alguma resistência devido aos requisitos adicionais associados ao processo.

AGRADECIMENTOS

Um agradecimento especial ao meu supervisor, Sr. Christopher Allen, pela sua grande ajuda e paciência durante todo este processo.

A minha profunda gratidão ao meu tio, Kenneth Ntsono, pelo seu apoio e assistência constantes.

Gostaria de agradecer a todos os inquiridos pelos seus esforços e contribuição para este estudo.

Gostaria também de estender a minha gratidão ao Professor John Smallwood pela sua orientação ao longo do ano.

Por último, muito obrigado aos meus colegas de curso pelo seu constante encorajamento.

CONTEÚDO DO ESTUDO

Chapter 1: O problema e as suas definições

Este capítulo começa com uma introdução ao estudo. Segue-se o enunciado do problema principal, após o qual são descritos os subproblemas. Seguem-se as hipóteses, as delimitações do estudo, os pressupostos e a importância do estudo.

Chapter 2: A revisão da literatura relacionada

Este capítulo apresenta a revisão da literatura relacionada. A literatura aborda o estado atual da construção ecológica e o conceito de sistemas de classificação. Também são discutidos os desafios enfrentados pelo sector relativamente a estes sistemas.

Chapter 3: Os dados, o seu tratamento e a sua interpretação

O processo de obtenção dos dados relevantes, juntamente com os vários tipos de dados recolhidos, é definido nesta secção. É discutido o método de análise utilizado, a identificação do estrato da amostra e o que se esperava dos inquiridos. Os dados foram avaliados e interpretados de forma estatística. Foi utilizado um questionário que continha um sistema de classificação. Além disso, cada subproblema foi analisado individualmente com o teste das respectivas hipóteses.

Chapter 4: Resultados e constatações

Este capítulo revela as conclusões obtidas durante a análise estatística e mostra até que ponto as hipóteses de investigação estão corretas ou incorrectas. Os dados primários, juntamente com a revisão da literatura relacionada, foram utilizados para testar as hipóteses.

Chapter 5: Testar as hipóteses

As hipóteses do estudo são testadas utilizando os resultados do inquérito.

Chapter 6: Resumo, conclusões e recomendações

Os resultados do inquérito são resumidos, as conclusões são tiradas e são apresentadas recomendações.

O tratado é concluído, seguido de uma lista de referências e de apêndices.

CAPÍTULO 1: O PROBLEMA E AS SUAS DEFINIÇÕES

1.1.Introdução

O ambiente construído é um dos principais contribuintes para as emissões globais de carbono e tem um grande impacto no ambiente natural e na saúde humana. Um relatório do Departamento de Assuntos Ambientais e Turismo (2009: 3), afirma que os impactos ambientais negativos substanciais dos edifícios levaram ao conceito de construção verde, que é concebido para ser eficiente em termos de energia e água, utilizar materiais não perigosos e proporcionar ambientes produtivos saudáveis. O relatório afirma ainda que a utilização de técnicas de construção ecológica é voluntária e pode ser altamente variável, pelo que, para normalizar as práticas de construção ecológica e fornecer uma medida da eficiência das técnicas, foram desenvolvidos diferentes sistemas de certificação e avaliação a nível mundial e na África do Sul.

A Federal Transit Administration (2009:9) refere que os sistemas de classificação de edifícios ecológicos atualmente utilizados fornecem uma abordagem sistemática para a avaliação das práticas de construção ecológica. Estes sistemas estabelecem critérios e métodos que permitem medir e avaliar os edifícios planeados para construção e os edifícios existentes cuja renovação está prevista. A fim de minimizar os impactos ambientais dos edifícios, estes sistemas incluem a conservação dos recursos e considerações ambientais, não só no processo de construção, mas também na utilização operacional dos edifícios. Alguns sistemas exigem o registo e a avaliação independente da documentação por revisores qualificados, enquanto outros são auto-administrados. Alguns dos sistemas de classificação mais comuns em uso incluem o BREEAM, LEED, Green Globes, Energy Star e ASHRAE.

Existem inúmeros benefícios ambientais decorrentes da utilização de sistemas de classificação. De acordo com Parr e Zaretsky (2010:198), os edifícios certificados utilizam uma menor percentagem de materiais com elevado nível de toxicidade, consomem menos água e energia e têm também um menor impacto negativo na paisagem física, em comparação com a construção de edifícios típicos. Os clientes estão a pedir edifícios ecológicos e existem sistemas que podem levar a estes benefícios.

Yudelson e Meyer (2013:16) discutem em pormenor o desenvolvimento do Green Star pelo Green Building Council da Austrália a partir de 2004. O Green Star é um sistema de classificação abrangente e voluntário para avaliar a conceção e a construção ambiental de um determinado edifício. Este sistema de classificação foi desenvolvido pelo GBCA para o sector imobiliário com o objetivo de estabelecer uma linguagem e uma norma comuns para medir, classificar e avaliar os impactos do ciclo de vida dos edifícios ecológicos, bem como para reconhecer e recompensar a liderança ambiental. O Green Star ajuda a reconhecer as mudanças no ambiente, bem como a identificar e sensibilizar para os benefícios da construção ecológica. O sistema Green Star utilizou os sistemas de classificação de edifícios ecológicos existentes, como o BREEAM e o LEED, como base para estabelecer um sistema de classificação único.

Desde então, o Green Building Council da África do Sul desenvolveu as ferramentas de classificação Green Star SA com base nas ferramentas da GBCA. A Green Star SA avalia separadamente as iniciativas ambientais de desenhos, projectos e/ou edifícios com base numa série de critérios, incluindo a eficiência energética e hídrica, a qualidade do ambiente interior e a conservação dos recursos. Cada ferramenta de classificação Green Star SA reflecte um sector de mercado diferente, que inclui escritórios, comércio e edifícios residenciais com várias unidades, entre outros. Kubba (2010:42) indica que a Green Star SA-Office foi a primeira ferramenta desenvolvida e lançada na sua forma final na Convenção e Exposição GBCSA '08 em novembro de 2008. Kubba afirma ainda que, desde então, a África do Sul tem estado a incorporar uma norma energética, a SANS 204, que tem como objetivo fornecer práticas de poupança de energia como norma básica no contexto sul-africano.

O sistema de classificação Green Star SA, embora voluntário, tem continuado a ganhar reconhecimento. De acordo com Sabnis (2011:63), a adoção deste sistema resulta em incentivos económicos, uma vez que os proprietários e inquilinos exigem cada vez mais instalações com classificações mais elevadas de edifícios verdes. Surge então a questão: por que razão, se uma classificação Green Star SA proporciona tantos benefícios para os proprietários de projectos, promotores, inquilinos e profissionais, ainda há relutância na indústria da construção em obter a certificação?

1.2.Declaração do problema:

O processo envolvido na obtenção de uma classificação de edifício verde está a ter um impacto negativo na aceitação de projectos verdes na indústria local.

1.3. Os subproblemas:

1.3.1. Subproblema 1:

A obtenção de uma classificação Green Star SA é um processo moroso.

1.3.2. Subproblema 2:

A complexidade da aquisição dos materiais necessários para os projectos ecológicos exige uma maior participação da equipa de projeto.

1.3.3. Subproblema 3:

A pouca ou nenhuma experiência prévia na construção de edifícios ecológicos aumenta o risco para a equipa do projeto.

1.4. As hipóteses:

1.4.1. Hipótese 1:

O processo de certificação exige a realização de muitas avaliações e apresentações para verificar e validar a auto-classificação do projeto.

1.4.2. Hipótese 2:

Não existe um consenso claro sobre as normas ou critérios que os materiais e produtos devem cumprir para os caraterizar como preferíveis do ponto de vista ambiental ou ecológicos.

1.4.3. Hipótese 3:

A exposição e a formação mínimas em matéria de construção ecológica significam que a equipa do projeto não está plenamente consciente dos métodos e protocolos necessários para a construção ecológica.

1.5. As delimitações do estudo:

O estudo foi dirigido a arquitectos, engenheiros, empreiteiros e clientes da indústria da construção, todos eles profissionais acreditados e registados na GBCSA em toda a África do Sul

1.6. Definição de termos-chave:

Profissional acreditado - Um profissional da construção que tenha frequentado um curso de formação de um dia do Green Star SA Accredited Professional, tenha passado o exame associado e esteja registado na GBCSA. (Glossário: Green Building Council of South Africa, 2008)

Comissionamento - O processo de colocar os sistemas de serviços do edifício em serviço ativo. Inclui o teste e o ajustamento dos sistemas AVAC, eléctricos, de canalização e outros, para garantir o funcionamento adequado e o cumprimento dos critérios de conceção, bem como a instrução dos representantes do edifício sobre a sua utilização. (Glossário: Green Building Council of South Africa, 2008)

Equipa de conceção - A equipa de conceção inclui todos os profissionais normalmente envolvidos na conceção e na administração do contrato de um projeto de construção. Estes incluem normalmente arquitectos, engenheiros, gestores de projeto, consultores de custos e inspectores de edifícios, bem como outros especialistas, incluindo consultores de construção ecológica, consultores de iluminação, etc. (Glossário: Green Building Council of South Africa, 2008)

Edifício Verde - Um edifício verde incorpora práticas de conceção, construção e funcionamento que reduzem ou eliminam significativamente o seu impacto negativo no ambiente e nos seus ocupantes; uma oportunidade para utilizar os recursos de forma eficiente, criando simultaneamente ambientes mais saudáveis para as pessoas viverem e trabalharem. (Glossário: Green Building Council of South Africa, 2008)

1.7. Abreviaturas:

ASHRAE - Sociedade Americana de Engenheiros de Aquecimento, Refrigeração e Ar Condicionado

BREEAM - Método de avaliação ambiental do Building Research Establishment

GBCA - Conselho de Construção Verde da Austrália

GBCSA - Conselho de Construção Verde da África do Sul

HVAC - Aquecimento, Ventilação e Ar Condicionado

LEED - Liderança em Energia e Design Ambiental

NABERS - Sistema Nacional Australiano de Classificação do Ambiente Construído

SANS - Norma Nacional da África do Sul

1.8. Pressupostos:

- O conceito de construção ecológica ganhou aceitação geral no sector e influencia a conceção e a construção de edifícios.
- Há um aumento da procura de instalações com elevados índices de construção ecológica.
- O conhecimento pormenorizado das opções e dos procedimentos envolvidos na construção ecológica é insuficiente.

1.9 Importância do estudo:

Bodart e Evrard (2011: 307) afirmam que é difícil avaliar a conceção e a gestão de um edifício como um edifício ecológico tendo em conta a viabilidade do investimento e o retorno do investimento. É por esta razão que a GBCSA estabeleceu normas e padrões de referência acordados para a construção ecológica, a fim de permitir que a indústria da construção avalie objetivamente o grau de ecologização de um edifício. Os sistemas de classificação fornecem, por conseguinte, um menu de medidas ecológicas que podem ser utilizadas na conceção, construção e gestão de um edifício para o tornar mais sustentável.

Bodart e Evrard afirmam ainda que a utilização de sistemas de classificação resulta no ajustamento da implementação para se adequar aos critérios dos edifícios ecológicos, bem como na promoção da redução dos problemas ambientais e do aquecimento global. Além disso, os sistemas de classificação podem ajudar os projectistas e as pessoas envolvidas em projectos ecológicos a compreender melhor e a tomar consciência da importância desta matéria.

Os sistemas de classificação e certificação ajudam a definir os edifícios ecológicos no mercado. Informam sobre o grau de sustentabilidade ambiental de um edifício, esclarecendo em que medida foram incorporados componentes ecológicos e que princípios e práticas sustentáveis foram empregues.

Em última análise, ter um edifício ecológico classificado e certificado pode dar aos promotores uma vantagem ou uma vantagem adicional para atrair inquilinos, como refere Reeder (2010:16). A certificação por um sistema de classificação reconhecido a nível nacional significa que as alegações de ecologia são credíveis e que a certificação por uma marca reconhecida pode contribuir para uma atenção positiva dos meios de comunicação social e para a publicidade daí resultante.

1.10. Finalidades e objectivos do estudo:

- Determinar em que medida os projectos com uma classificação de construção ecológica atraem os investidores.

- Determinar a mentalidade de uma equipa de projeto relativamente ao processo global de certificação.

- Investigar a forma como a utilização de sistemas de classificação influencia os processos de construção.

- Investigar as vantagens adicionais, caso existam, que os projectos certificados podem ter em relação aos projectos ecológicos não certificados.

- Explorar sistemas de classificação alternativos, possivelmente menos fastidiosos, que possam ser utilizados na indústria local.

CAPÍTULO 2: A REVISÃO DA LITERATURA

2.1. A utilização de sistemas de classificação e as suas implicações

Um dos maiores desafios que o sector enfrenta é a questão de decidir o que é ou não é considerado ecológico. De acordo com Woolley, Kimmins, Harrison e Harrison (1997: 8), não existe um acordo universal a este respeito, uma vez que os profissionais adoptam frequentemente diferentes sistemas de rotulagem e acreditação ambiental. Idealmente, o objetivo é criar um conjunto normalizado de critérios de desempenho ambiental e de créditos que sejam adoptados internacionalmente e que forneçam à equipa de projeto um sistema específico que lhes permita afirmar que o seu edifício é ecológico.

Já existem normas de construção que foram melhoradas e que se centram na redução do consumo de energia, bem como na redução das emissões tóxicas dos materiais de construção. No entanto, essas normas são menos intensivas do que as normas ecológicas devido a pressões comerciais ou não são corretamente aplicadas, pelo que são menos eficazes. Woolley et al. (1997: 10) afirmam que são necessárias diretrizes baseadas na investigação científica resultante de uma série de questões colocadas pelos projectistas e especificadores ecológicos, a fim de se chegar a uma decisão sobre o que deve ser considerado no desenvolvimento de um sistema adequado. As decisões podem então ser tomadas por projectistas e clientes bem informados, através de um processo em que possam ser responsabilizados pelas suas implicações.

Ainger e Fenner (2014: 279) definem os sistemas de classificação de edifícios como: "ferramentas de avaliação holísticas, multidimensionais e baseadas em critérios, frequentemente verificadas por terceiros e associadas a um sistema de certificação de edifícios ecológicos". Estes sistemas surgiram já na década de 1990 e basicamente quantificam juízos de valor e pontuam diferentes alternativas de projeto, bem como facilitam a seleção de um caminho preferido. Ainger e Fenner (2014: 281) também observam que as ferramentas de classificação e os métodos de avaliação dos edifícios são mais úteis na fase de projeto, quando podem ser incorporadas medidas para minimizar os danos ambientais. A maioria destas ferramentas baseia-se em alguma forma de avaliação do ciclo de vida, quer se trate de indicadores quantitativos de desempenho para alternativas de projeto, quer de ferramentas de classificação para determinar o nível de desempenho de um edifício.

Na África do Sul, a autoridade oficial independente para a construção ecológica é o Green Building Council of South Africa (GBCSA). O seu objetivo é promover a construção ecológica na indústria imobiliária comercial, bem como permitir a medição objetiva das práticas de construção ecológica através do desenvolvimento e funcionamento de um sistema de classificação da construção ecológica, que é o sistema de classificação Green Star SA.

O Green Star foi desenvolvido pelo Green Building Council of Australia e o sistema utilizou os sistemas de classificação de edifícios ecológicos existentes, como o BREEAM e o LEED, como base para estabelecer um sistema de classificação único. Segue-se uma comparação destes sistemas de classificação resumida pelo Building Research Establishment (2008: 9).

Quadro 2.1 Comparação entre BREEAM, LEED e Green Star

	BREEAM	LEED	ESTRELA VERDE
DATA DE LANÇAMENTO	1990	1998	2003
CLASSIFICAÇÕES	APROVADO/BOM/MUITO BOM/ EXCELENTE/ EXCEPCIONAL	Certificado/ Prata/ Ouro/ Platina	Uma estrela/ Duas estrelas/ Três estrelas/ Quatro estrelas/ Cinco estrelas/ Seis estrelas
PESOS	Aplicado a cada categoria de questões (consenso baseado em consulta científica/aberta)	Todos os créditos têm a mesma ponderação, embora o número de créditos relacionados com cada questão constitua uma ponderação de facto	Aplicado a cada categoria de questões (com base num inquérito ao sector)
RECOLHA DE INFORMAÇÕES	Equipa de conceção/gestão ou avaliador	Equipa de conceção/gestão ou profissional acreditado	Equipa de design
AVALIAÇÃO POR TERCEIROS	BRE	N/A	GBCA
ROTULAGEM DE CERTIFICAÇÃO	BRE	USGBC	GBCA
PROCESSO DE ACTUALIZAÇÃO	Anual	Conforme necessário	Anual
GOVERNANÇA	Acreditação no Reino Unido	USGBC	GBCA

	Serviço		
QUALIFICAÇÃO EXIGIDA	Regime de pessoas competentes	Aprovado no exame	Programa de formação e exame
REQUISITOS DO CDP DO ASSESSOR/AP	Efetuar pelo menos uma avaliação por ano	Sem requisitos de DPC	Estatuto renovado de três em três anos

A GBCSA afirma que uma classificação Green Star SA proporciona muitos benefícios aos proprietários de projectos, promotores, inquilinos e consultores profissionais. Estes incluem:

• Associações positivas para o projeto e para a imagem da empresa numa sociedade cada vez mais preocupada com as alterações climáticas e a sustentabilidade.

• Uma vantagem competitiva. Os edifícios Green Star SA são pioneiros e claramente diferenciados no mercado.

• Interesse dos meios de comunicação social e maior sensibilização para a contribuição para a sustentabilidade e para espaços de trabalho e de vida produtivos entre investidores, pessoal, clientes, inquilinos e outras partes interessadas.

• Influenciar a mudança no sector imobiliário sul-africano, proporcionando liderança nas melhores práticas e um estudo de caso para investigadores

De acordo com a McGraw-Hill Construction (2013: 34), a construção ecológica na África do Sul tem vindo a crescer a um ritmo mais rápido do que em qualquer outra parte do mundo. Em 2012, 16% das empresas sul-africanas relataram níveis elevados de atividade ecológica que esperavam mais do que triplicar nos próximos três anos, como indicado na figura abaixo.

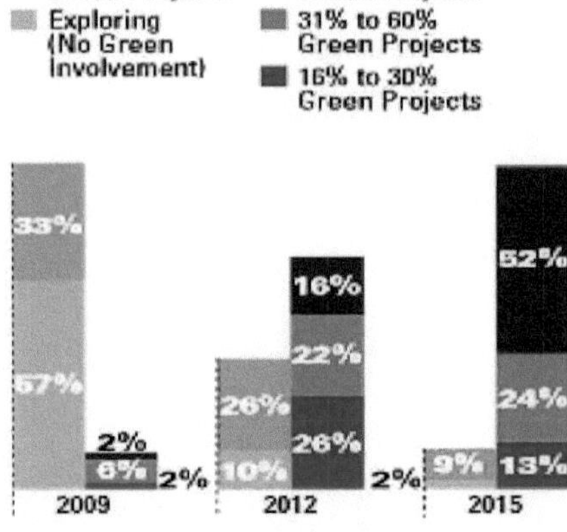

Figura 2.1: Níveis de atividade de construção ecológica das empresas sul-africanas (2009-1015 previsto) (McGraw-Hill Construction, 2013: 34)

As estatísticas fornecidas pelo The Green Building Handbook (2013:15) indicam que o número de edifícios verdes certificados, com classificações Green Star SA da GBCSA, atingiu 30 em fevereiro de 2013. Indicam também que se trata de um aumento em relação aos apenas 10 edifícios que foram certificados como verdes nos primeiros 5 anos, entre 2007 e 2011. Esta escalada indica que a construção verde começou a entrar na corrente principal e está a ganhar aceitação no ambiente construído. Até à data, existem cerca de 236 projectos registados na GBCSA. Isto inclui tanto os projectos já certificados como os que aguardam classificação.

O World Green Building Council (2009) discute os muitos benefícios dos sistemas de classificação ecológica em geral, incluindo "o fornecimento de um incentivo convincente às partes interessadas, proprietários, arquitectos e utilizadores de edifícios para promover o desenvolvimento e a difusão de práticas de construção sustentáveis". Ainger e Fenner (2014: 279) afirmam que a utilização destes sistemas alterou a forma como os edifícios ecológicos são vistos, incentivou os proprietários de edifícios e a indústria da construção em geral a procurar atingir níveis mais elevados de sustentabilidade, bem como permitiu a adoção de requisitos de construção ecológica nos regulamentos existentes.

Além disso, os sistemas de classificação de edifícios permitem verificar o cumprimento de uma norma de mercado aceite para um edifício ecológico, bem como servir de guia de avaliação para a equipa de projeto. De acordo com o The Green Building Handbook (2013: 128), os investidores estão a exigir uma maior divulgação, prestação de contas e responsabilidade das empresas, e estão a ser introduzidas normas de investimento mais responsáveis. Por conseguinte, uma certificação bem sucedida significa que os investidores podem ter a certeza de que uma empresa foi avaliada com base em critérios independentes, por um organismo independente, e que a propriedade em questão cumpriu determinados requisitos ambientais.

2.2. O processo de obtenção de uma classificação Green Star SA

De acordo com Bose (2010: 112), embora a Green Star se baseie nas ferramentas BREEAM e LEED internacionalmente aceites e amplamente utilizadas, existe a perceção de que é impraticável em algumas circunstâncias. O processo de classificação da Green Star é considerado moroso, na medida em que a recolha das informações de apoio necessárias para fundamentar os pontos suficientes para obter uma classificação elevada na Green Star pode ser uma tarefa bastante árdua.

Kibert (2013:197) afirma que os projectos que pretendem obter a certificação terão requisitos adicionais em termos de documentação, requisitos para a entrada em funcionamento, bem como requisitos para o registo e a revisão da certificação, o que torna a atribuição de uma classificação Green Star um processo integrado e moroso.

O processo, tal como indicado por Kibert (2013:176), segue-se da seguinte forma: uma vez que um projeto tenha sido registado para certificação, deve ser nomeado um Facilitador de Design Verde para iniciar uma avaliação interna pela equipa de projeto. Isto é feito a fim de obter uma autoavaliação preliminar de um edifício. No entanto, embora a Green Star ofereça uma opção de autoavaliação, esta não conduz a uma classificação Green Star certificada e um edifício não pode ser promovido como certificado Green Star até que o relatório final de verificação da avaliação esteja concluído.

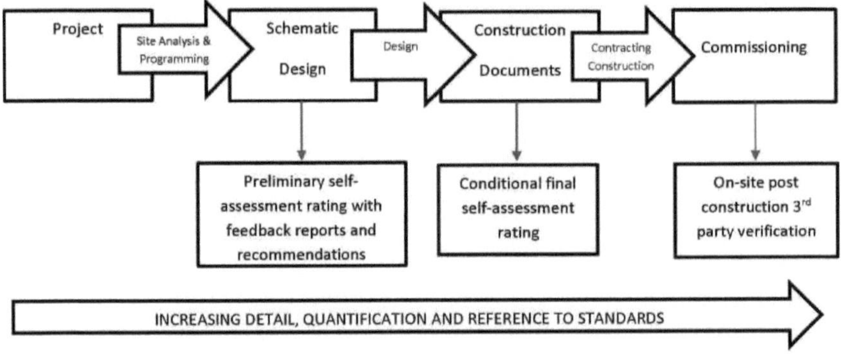

Figura 2.2. Visão geral do protocolo de avaliação do processo de classificação, mostrando as actividades de avaliação em cada uma das fases do projeto. (Kibert, 2013:176)

2.2.1. Avaliações de crédito

A Green Star avalia a sustentabilidade dos projectos e da comunidade em nove categorias que incluem: Gestão, Qualidade do Ambiente Interior, Energia, Transporte, Água, Materiais, Uso do Solo e Ecologia, Emissões e Inovação. Wang, Ding, Zou, e Zou (2013:101) explicam que estas categorias estão divididas em créditos, cada um dos quais aborda um aspeto específico do desempenho sustentável. Para cada projeto Green Star, são então atribuídos pontos a estes créditos com base no impacto ambiental relativo do crédito.

No âmbito do sistema de classificação Green Star SA, há um total de 149 pontos não ponderados disponíveis para distribuição pelas primeiras oito categorias. As ponderações ambientais são então aplicadas, até um máximo de 100, ao número total de pontos atribuídos. Estão disponíveis cinco pontos extra para a categoria Inovação se o edifício tiver estratégias e tecnologias inovadoras que excedam os valores de referência Green Star e as iniciativas de conceção ambiental.

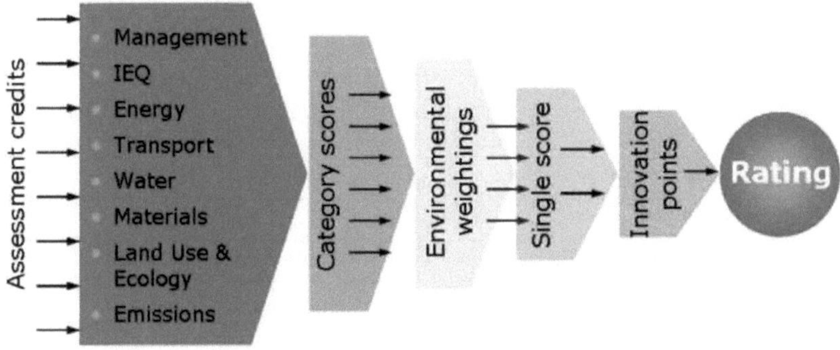

Figura 2.3. Estrutura do sistema de classificação Green Star SA (Green Building Council of South Africa, 2008)

Wang et al. (2013:101) descrevem ainda como, durante o processo de certificação, a equipa de projeto aplica a ferramenta de classificação Green Star para orientar o processo de conceção ou construção, e os documentos são apresentados como prova de que tal foi feito. A GBCSA encarrega então um painel de avaliadores certificados por terceiros de avaliar a documentação e determinar se todos os créditos reivindicados cumprem os requisitos descritos no Manual Técnico de cada ferramenta de classificação. Um resumo dos créditos do sistema de classificação Green Star SA fornecido no manual é apresentado na Tabela 2.2 abaixo:

Quadro 2.2 Quadro recapitulativo dos créditos

Categoria	**Título**	**Número de crédito**	**Pontos disponíveis**
Gestão			
	Profissional acreditado Green Star Sa	Homem-1	2
	Cláusula de entrada em funcionamento	Homem-2	2
	Afinação de edifícios	Mna-3	2
	Agente de comissionamento independente	Homem-4	1
	Guia do utilizador do edifício	Homem-5	1
	Gestão ambiental	Homem-6	2
	Gestão de resíduos	Homem-7	3
	Testes de estanquidade ao ar	Homem-8	1
		TOTAL	**14**
Qualidade do ambiente interior			
	Taxas de ventilação	IEQ-1	3
	Eficácia da mudança de ar	IEQ-2	2

	Monitorização e controlo do dióxido de carbono	IEQ-3	1
	Luz do dia	IEQ-4	3
	Controlo do encandeamento da luz do dia	IEQ-5	1
	Balastros de alta frequência	IEQ-6	1
	Níveis de iluminação eléctrica	IEQ-7	1
	Vistas externas	IEQ-8	2
	Conforto térmico	IEQ-9	2
	Controlo de conforto individual	IEQ-10	2
	Materiais perigosos	IEQ-11	1
	Níveis de ruído interno	IEQ-12	2
	Compostos orgânicos voláteis	IEQ-13	3
	Minimização do formaldeído	IEQ-14	1
	Prevenção de bolores	IEQ-15	1
	Tubo de exaustão do locatário	IEQ-16	1
	Evitar o fumo ambiental do tabaco (FTA)	IEQ-17	1
		TOTAL	**28**
Energia			
	Requisito condicional	Ene -	0
	Emissões de gases com efeito de estufa	Ene-1	20
	Subcontagem de energia	Ene-2	2
	Densidade de potência de iluminação	Ene-3	4
	Zoneamento da iluminação	Ene-4	2
	Redução da procura de energia de pico	Ene-5	2
		TOTAL	**30**
Transporte			
	Disponibilização de estacionamento	Tra-1	2
	Transporte eficiente em termos de combustível	Tra-2	2
	Instalações para ciclistas	Tra-3	3
	Deslocações pendulares Transportes em massa	Tra-4	5
	Conectividade local	Tra-5	2
		TOTAL	**14**
Água			
	Água de serviço para os ocupantes	Wat-1	5
	Contadores de água	Wat-2	2
	Irrigação paisagística	Wat-3	3

	Água de rejeição de calor	Wat-4	4
	Consumo de água do sistema de incêndio	Wat-5	1
		TOTAL	**15**
Materiais			
	Reciclagem Armazenamento de resíduos	Mat-1	2
	Reutilização de edifícios	Mat-2	5
	Materiais reutilizados	Mat-3	1
	Concha e núcleo ou equipamento integrado	Mat-4	1
	Betão	Mat-5	3
	Aço	Mat-6	3
	Minimização do PVC	Mat-7	1
	Madeira sustentável	Mat-8	2
	Conceção para desmontagem	Mat-9	1
	Desmaterialização	Mat-10	1
	Aprovisionamento local	Mat-11	2
		TOTAL	**22**
Utilização dos solos e ecologia			
	Requisito condicional	Eco -	0
	Solo superficial	Eco-1	1
	Reutilização de terrenos	Eco-2	2
	Terrenos contaminados recuperados	Eco-3	2
	Alteração do valor ecológico	Eco-4	4
		TOTAL	**9**
Emissões			
	Refrigerante / gasoso ODP	Emi-1	1
	PAG do refrigerante	Emi-2	2
	Fugas de refrigerante	Emi-3	2
	Insulante ODP	Emi-4	1
	Poluição de cursos de água	Emi-5	3
	Descarga para o esgoto	Emi-6	5
	Poluição luminosa	Emi-7	1
	Legionela	Emi-8	1
	Emissões de caldeiras e geradores	Emi-9	1
		TOTAL	**17**
Inovação			

	Estratégias e tecnologias inovadoras	Pousada-1	2
	Ultrapassar os parâmetros de referência da Green Star SA	Pousada-2	2
	Iniciativas de conceção ambiental	Pousada-3	1
		TOTAL	**5**

2.2.2. Verificação e certificação

O processo de certificação, tal como descrito por Hyde, Watson, Cheshire e Thomson (2007:129), para a Green Star compreende as seguintes fases

1. Registo. O projeto é registado na GBCSA, que emite um Contrato de Certificação para a equipa do projeto.

2. Aplicação. A equipa de projeto prepara a documentação e os cálculos para satisfazer os requisitos de apresentação de condições e créditos definidos no Manual Técnico.

3. Certificação. O Contrato de Certificação é assinado. A documentação necessária é então submetida à GBCSA para análise pelo Painel de Certificação Green Star.

A ferramenta de classificação Green Star utiliza seis estrelas para medir o desempenho ambiental dos edifícios. Wang et al. (2013:102) afirmam que os projectos que obtêm uma classificação prevista de uma, duas ou três estrelas não são elegíveis para a certificação formal. Os projectos que obtenham uma classificação prevista de quatro estrelas ou superior são elegíveis para se candidatarem à certificação formal.

Quadro 2.3. Pontuações da ferramenta de classificação Green Star SA

Pontuação global	Classificação	Resultado
10 - 19	Uma estrela	Não elegível para certificação formal
20 - 29	Duas estrelas	Não elegível para certificação formal
30 - 44	Três estrelas	Não elegível para certificação formal
45 - 59	Quatro estrelas	Elegível para a Classificação Certificada de Quatro Estrelas que reconhece/premia as "Melhores Práticas
60 - 74	Cinco estrelas	Elegível para a Classificação Certificada de Cinco Estrelas que reconhece/premia a "Excelência da África do Sul
75 +	Seis estrelas	Elegível para a classificação Six Star Certified que reconhece/premia a "Liderança Mundial

A certificação formal segue-se ao facto de a GBCSA encarregar um ou mais Avaliadores terceiros de verificar e validar a auto-classificação do projeto. Uma vez avaliados todos os créditos reivindicados em cada categoria, é calculada uma pontuação percentual e são aplicados os factores de ponderação ambiental Green Star. Os Avaliadores recomendarão ou opor-se-ão então a uma Classificação Certificada Green Star SA.

O processo de certificação Green Star SA resume-se, de acordo com o Manual Técnico do Green Council of South Africa, da seguinte forma:

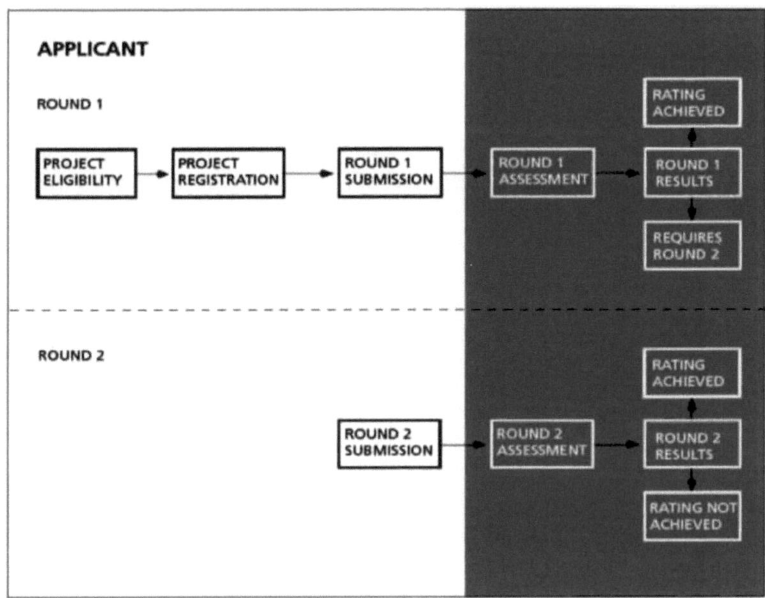

Figura 2.4: Visão geral do processo de certificação. (Green Building Council of South Africa, 2008)

i.) Elegibilidade

Para que um projeto seja elegível para uma avaliação Green Star SA, deve cumprir as quatro disposições dos Critérios de Elegibilidade Green Star SA abaixo descritos.

1. Diferenciação espacial
2. Utilização do espaço
3. Requisitos condicionais
4. Calendário da certificação

É da responsabilidade da equipa do projeto garantir que o seu projeto é elegível e só depois é que o processo de avaliação pode começar.

ii .) Registo

Uma vez satisfeitos os critérios de elegibilidade, o projeto pode então ser registado para avaliação.

iii .) Preparação dos envios

Uma vez registado o projeto, a equipa do projeto deve preparar a documentação, os desenhos e os cálculos para satisfazer os requisitos dos Créditos Green Star SA. É importante assegurar que a documentação para todos os créditos reclamados cumpre os Requisitos de Documentação descritos no Manual Técnico Green Star SA.

iv .) Primeira ronda Apresentação

Os resultados da avaliação da Ronda 1 podem demorar até seis semanas a partir da data de apresentação para serem emitidos, desde que o contacto do projeto informe a GBCSA da data de apresentação pelo menos duas semanas antes da data de apresentação prevista.

A GBCSA reserva-se o direito de realizar uma análise de pré-avaliação da submissão de um projeto antes de o avaliador iniciar uma análise. Poderá ser solicitado que um projeto seja novamente submetido se a análise de pré-avaliação sugerir que a qualidade da submissão resultaria num número excessivo de créditos negados.

v .) Avaliação da primeira ronda

O Painel de Avaliação irá rever a submissão e as recomendações serão então feitas à GBCSA. A GBCSA enviará então os resultados da avaliação da Ronda 1 para o contacto do projeto e para o candidato. O projeto pode então aceitar os resultados como a classificação final ou pedir para voltar a apresentar a documentação para uma avaliação da Ronda 2.

vi .) Segunda ronda Apresentação

Após a receção dos resultados da Avaliação da Ronda 1, o projeto pode solicitar a reapresentação da documentação para créditos "a confirmar". Cada projeto tem apenas uma oportunidade para voltar a apresentar a documentação, que pode incluir

- Documentação adicional/revista para demonstrar o cumprimento dos critérios de crédito;
- Alteração da conceção do projeto que resulte no cumprimento dos critérios de crédito; e
- Pedidos de Interpretação de Crédito (CIRs) para clarificar a conformidade alternativa.

Para garantir a receção dos resultados da avaliação da Ronda 2 no prazo de quatro semanas após a apresentação, o contacto do projeto deve informar a GBCSA da data de apresentação pelo menos duas semanas antes da apresentação.

vii .) Avaliação da segunda ronda

A avaliação da apresentação da segunda ronda seguirá os procedimentos acima descritos para a avaliação da primeira ronda.

viii .) Classificação certificada atribuída

Se a avaliação validar a obtenção da pontuação de 45 ou superior pelo projeto, a GBCSA atribuirá uma Classificação Certificada.

ix .) Classificação certificada não atribuída

Se a Classificação Certificada desejada não for alcançada, o projeto pode ser elegível para recurso.

2.3. A equipa de projeto deve contribuir para a aquisição de materiais

De acordo com Kibert (2013: 355), a seleção de materiais e produtos de construção para um projeto de construção ecológica de elevado desempenho tem sido conhecida como a tarefa mais difícil e desafiadora que a equipa de projeto enfrenta. Isto deve-se ao facto de que o que é e o que não é considerado ambientalmente preferível ainda está a ser estabelecido e ainda está aberto a debate. Assim, a equipa de projeto deve confiar no seu próprio discernimento para decidir quais os materiais que melhor se adequam aos critérios de um projeto específico.

Os métodos de aquisição têm uma influência significativa no sucesso da entrega do projeto de construção, e a escolha do método de aquisição correto é um dos factores que pode reduzir as derrapagens nos projectos ecológicos. No entanto, de acordo com Mokhlesian (2014: 4136), as aquisições ecológicas são dificultadas pela falta de conhecimentos disponíveis e fiáveis sobre produtos, materiais, sistemas, conceção e especificações ecológicas corretas, bem como pela avaliação dos requisitos ecológicos e pela disponibilidade de fornecedores ecológicos. Os requisitos ecológicos são importantes, uma vez que afectam o calendário de aquisições, construção e colocação em funcionamento e, por conseguinte, para resolver problemas imprevistos em projectos ecológicos, estabelecer uma inovação cooperativa com os fornecedores pode ser benéfico para a equipa do projeto.

Ainger e Fenner (2014: 179) referem que, uma vez que a aquisição é uma parte fundamental da fase de desenvolvimento do projeto, a conceção e a entrega devem ser consideradas desde o início da conceção do projeto. De acordo com Shen, Ye e Mao (2015: 293), cada projeto terá requisitos diferentes em matéria de aquisições, embora, em última análise, deva ser concluído na fase de desenvolvimento um programa acordado, bem como uma estratégia de aquisições pormenorizada para os fornecedores e todos os outros contratantes.

Por último, Ainger e Fenner também salientam que, embora a estratégia de aquisição para um projeto ecológico possa nem sempre diferir muito de um projeto tradicional, muitas escolhas de materiais continuarão a ser ditadas pela escolha da vida útil do projeto, pela conceção para reutilização, bem como pela necessidade de integrar funções. Por conseguinte, é importante envolver a cadeia de abastecimento numa fase inicial, a fim de ajudar a desenvolver uma estratégia de aquisição adequada.

1. 3.1. Gerir o processo de aquisição de materiais

Há várias pessoas envolvidas no processo de aquisição de materiais. Jha (2011: 367) refere, por exemplo, que um gestor de projeto será o principal responsável pela gestão dos materiais. O engenheiro de planeamento e o engenheiro de materiais serão responsáveis pela preparação do programa de materiais, pelo envio da requisição dos materiais e pelo acompanhamento e controlo do consumo de materiais nos projectos. Um engenheiro de controlo de qualidade, por outro lado, será responsável pela seleção das fontes, bem como pela amostragem e teste dos materiais recebidos nos locais do projeto para garantir a sua conformidade.

Por conseguinte, de acordo com Turk e Scherer (2002: 95), o envolvimento de tantos participantes torna crucial a coordenação entre as equipas, uma vez que uma visão holística das interações da cadeia de abastecimento permite a avaliação do desempenho global do manuseamento de materiais, da distribuição e do fluxo de informação através de todos os elos da cadeia, começando pelas matérias-primas iniciais.

Turk e Scherer (2002: 96) afirmam ainda que, para tornar o processo de aquisição mais eficiente, as equipas de projeto devem aplicar um conjunto de factores. Estes incluem:

- Fluxo de trabalho/gestão de processos. Os meios de fluxo de trabalho estão na base da gestão colaborativa da cadeia de abastecimento e são necessários para coordenar e encaminhar as tarefas para os participantes adequados.

- Limites da informação. As aplicações de gestão de perfis são necessárias para gerir as fronteiras da informação entre todos os participantes em sistemas alargados de gestão da cadeia de abastecimento.

- Integração de dados/processos. A integração de dados e processos é necessária para ligar vários sistemas de gestão da cadeia de abastecimento e fornecedores.

- Notificação de eventos. Os meios de notificação de eventos são necessários para fornecer aos fornecedores e clientes notificações de excepções, alterações e outras situações que exijam atenção.

Ao estabelecer estes drivers de aplicação, toda a informação relativa ao processo, regras e políticas pode ser facilmente distribuída a todos os participantes, permitindo, em última análise, uma melhor colaboração da equipa de projeto. A figura abaixo mostra um processo típico de aquisição de materiais, bem como os participantes envolvidos.

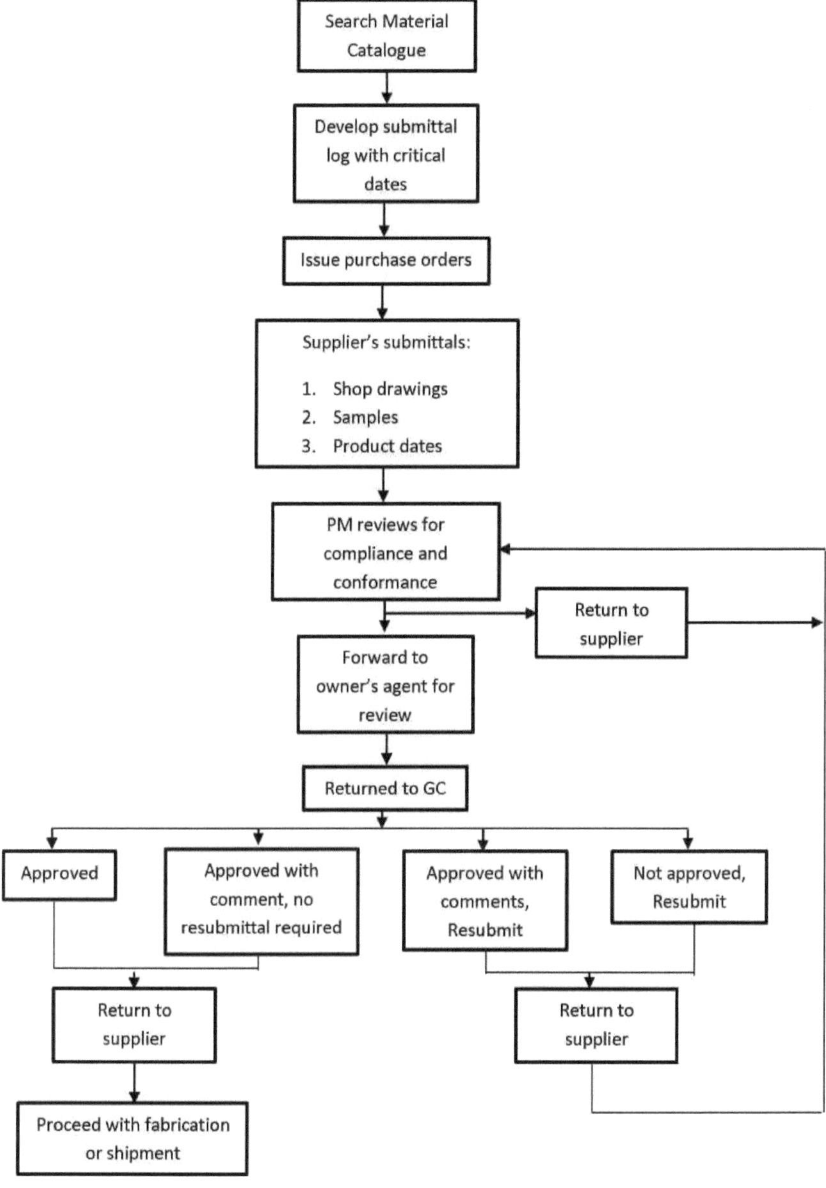

Figura 2.5: Processo da metodologia de aquisição de materiais do contratante (Turk e Scherer, 2002: 97)

2. 3.2. Considerações a ter em conta na seleção de materiais ecológicos

Keeler e Burke (2009: 160) referem a importância de avaliar a pegada deixada pelos materiais, produtos ou sistemas utilizados num determinado projeto, para que a equipa possa compreender melhor as suas implicações. Uma tarefa adicional que uma equipa de projeto terá, portanto, de realizar é a investigação dos seguintes factores ao selecionar materiais ecológicos:

- **Eficácia e conservação dos recursos**

A eficiência dos recursos refere-se a muitas técnicas que envolvem materiais e métodos de construção. De acordo com Keeler e Burke (2009: 145), a consideração cuidadosa destas técnicas de conceção pode ajudar a aliviar a pressão sobre os recursos naturais, quer através de caraterísticas construtivas, quer através da seleção de materiais.

- **Eficiência e conservação de energia**

Os impactos energéticos são caraterísticas particularmente complexas dos materiais, uma vez que todos os materiais e produtos fabricados pelo homem contêm energia incorporada. Esta refere-se à quantidade de energia necessária para extrair os materiais, para produzir o produto acabado e para o entregar no local de trabalho.

Para ter uma ideia da quantidade de energia que um material consome, é efectuada uma análise de materiais. Keeler e Burke (2009: 161) dividem o processo nas duas partes seguintes:

3. A energia produzida durante a utilização do edifício; ou
4. A energia gasta durante o fabrico, o transporte e a montagem ou instalação no local.

As questões a explorar em relação a este processo incluem: localização dos centros de recolha, fabrico e distribuição de materiais, meios de transporte para o local, tipo de combustível, se for caso disso, utilizado no processamento do material, bem como a energia utilizada para instalar o produto ou material.

- Qualidade do ar interior e do ambiente

Kibert (2013: 166) descreve-o como a seleção de materiais de baixa emissão para produzir uma determinada qualidade do ambiente no interior de um edifício

2.4. Riscos envolvidos para a equipa de projeto na construção ecológica

De acordo com Furr (2009: 167), embora a construção ecológica tenha muitos benefícios, o afastamento das práticas convencionais de conceção, construção e entrega de projectos expõe os proprietários, projectistas, empreiteiros e outros membros da equipa de projeto a novos riscos que podem não ser tidos em conta pelas estratégias convencionais de gestão de riscos. Ao contrário dos projectos convencionais, os projectos ecológicos são concebidos e construídos para atingir determinados objectivos ecológicos, sendo a certificação um exemplo, e a realização desses objectivos pode exigir uma integração adicional dos projectistas, empreiteiros, subempreiteiros, instaladores e outros membros da equipa do projeto. A estrutura das normas de construção ecológica aumenta ainda mais o impacto potencial destes riscos.

Hwang (2013: 3) resume os desafios enfrentados na gestão de projectos de construção ecológica na subsecção seguinte:

- Risco devido a diferentes formas contratuais de execução do projeto
- Desconhecimento das tecnologias verdes
- É necessária uma maior comunicação e interesse entre os membros da equipa do projeto
- Dificuldades técnicas durante o processo de construção
- Mais tempo necessário para implementar práticas de construção ecológica no local
- Processo de aprovação moroso para novas tecnologias ecológicas e materiais reciclados
- Custos mais elevados para práticas e materiais de construção ecológicos

Os aspectos únicos dos projectos ecológicos e os riscos e responsabilidades daí resultantes devem, portanto, orientar as decisões preliminares não só sobre o método de execução do projeto, mas também sobre a seleção dos vários membros da equipa do projeto. De acordo com Cottrell (2011: 37), selecionar os membros certos da equipa para um projeto verde pode ser a diferença entre obter ou não a certificação. Como já foi referido, é importante reunir todos os membros da equipa de projeto o mais cedo possível, a fim de garantir o êxito do projeto. Isto ajuda a avaliar os diferentes parâmetros envolvidos em cada função, a fim de auxiliar o processo de decisão e concentrar-se nas medidas críticas.

De acordo com Kibert (2013: 198), a seleção da equipa de projeto baseia-se normalmente na experiência, nas qualificações, no trabalho anterior e na compreensão demonstrada do programa e dos requisitos. O arquiteto e o gestor da construção devem ser selecionados antes do início do projeto, de modo a que ambos estejam a bordo durante todo o projeto. Naturalmente, o conhecimento detalhado do protocolo de avaliação do edifício Green Star SA é absolutamente vital se o objetivo for a certificação do edifício verde. Se o edifício for efetivamente certificado, o gestor da construção deve estar fortemente familiarizado com os requisitos do sistema de classificação Green Star SA, e o pessoal deve também ter a formação necessária. O processo de certificação impõe uma grande responsabilidade ao diretor da obra e à equipa do projeto no seu conjunto, pelo que a falta de experiência com as normas pode comprometer a certificação do projeto.

2.4.1. Diferenças entre a entrega de projectos de construção ecológicos e tradicionais

Segundo Shen et al. (2015: 295), quando comparados diretamente entre si, as diferenças entre a gestão do projectos de edifícios verdes e de edifícios tradicionais são evidentes. A natureza mais complexa dos edifícios verdes requer uma documentação e um processo de construção muito mais pormenorizados, a fim de cumprir os requisitos estabelecidos pelos vários sistemas de acreditação, como o Green Star. O processo de conceção e construção mais complicado também implica um nível de comunicação mais elevado, de modo a garantir que todas as ideias são comunicadas entre a equipa do projeto e a assegurar que estão a trabalhar para os mesmos objectivos.

Um exemplo de como a comunicação no âmbito da construção de edifícios ecológicos difere da comunicação na construção tradicional pode ser visto na forma como o projeto é apresentado a concurso. Shen et al. (2015: 296) afirmam que a adjudicação de um projeto de construção tradicional é normalmente feita através de um método de licitação difícil, em que o contrato é adjudicado à proposta mais baixa. Este é um dos métodos de entrega mais antigos e mais utilizados e, por conseguinte, é bem compreendido pelos profissionais da construção. Cada fase do processo de construção é executada de forma sequencial e, normalmente, por partes separadas. No entanto, apesar da familiaridade da equipa do projeto com este método, Kibert (2013:194) afirma que o sistema de entrega de propostas difíceis é contraditório por natureza e, por isso, é excecionalmente difícil de empregar num projeto de construção ecológica.

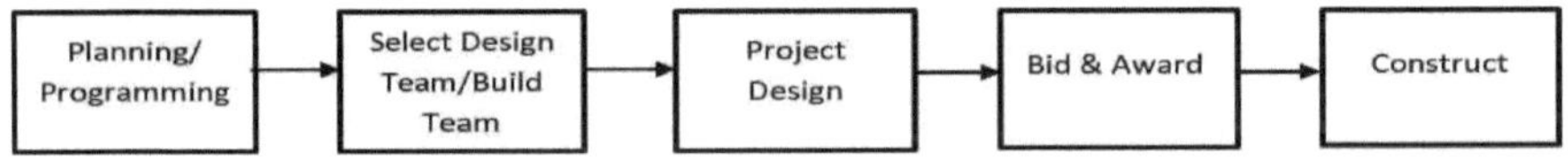

Figura 2.6: Método de entrega conceção-contratação-construção (Warhoe, 2013: 83)

No caso da construção ecológica, é provável que o projeto assuma um processo de concurso público em que todas as informações que descrevem a forma como o montante da proposta foi obtido devem ser divulgadas. Isto exigirá também a constituição de uma equipa de projeto, envolvida nas primeiras fases de pré-conceção do projeto, para prestar aconselhamento sobre questões de construtibilidade e de programação, podendo as funções estar interligadas. Isto exigirá efetivamente um maior nível de comunicação entre a equipa do projeto.

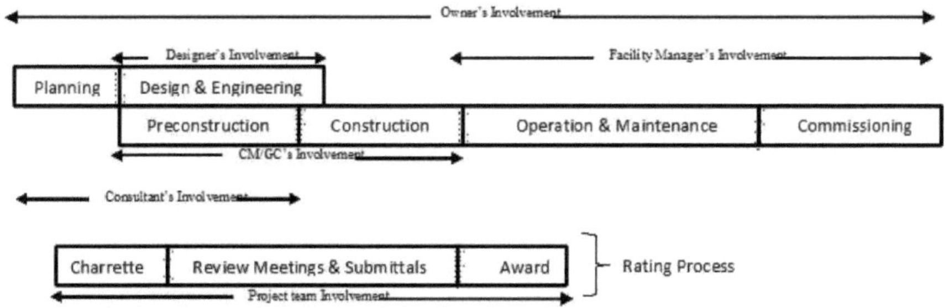

Figura 2.7: Método de entrega de projectos ecológicos (Ramkrishnan, Roper, e Castro-Lacouture, 2007: 339)

2.4.2. Riscos associados à construção ecológica

Furr (2009: 172) refere que as estratégias de elaboração e negociação de um contrato para a construção de um edifício ecológico não diferem, em geral, da formulação e atribuição dos riscos de qualquer outro projeto, embora possam surgir alguns riscos adicionais entre as várias partes. A execução bem sucedida de um projeto implica a definição clara das funções e responsabilidades de cada membro da equipa do projeto. As incertezas quanto à responsabilidade por vários serviços ou trabalhos podem criar problemas graves, bem como potenciais responsabilidades.

De acordo com Cottrell (2011: 48), os riscos da construção ecológica podem geralmente ser considerados sob três grandes temas, que incluem riscos regulamentares e políticos, riscos financeiros e riscos de desempenho. Cada um destes riscos tem implicações diferentes para as diferentes partes interessadas do sector.

Riscos regulamentares e políticos

Estes referem-se à legislação em rápida mudança que se pode aplicar a determinados projectos de construção ecológica. Um desafio que os promotores e as suas equipas de projeto podem enfrentar é determinar quais os regulamentos que se aplicam ao seu projeto, especialmente tendo em conta a falta de consistência associada à maioria das actividades regulamentares. Por conseguinte, é vital que as equipas de projeto compreendam os requisitos regulamentares e expliquem as responsabilidades associadas nos documentos contratuais.

Riscos financeiros

Os riscos financeiros associados à construção ecológica têm sido amplamente discutidos ao longo dos anos. Cottrell afirma que este tipo de riscos inclui o que muitos ainda acreditam ser o aumento dos custos da construção ecológica, os custos associados à certificação por terceiros, bem como a incapacidade da equipa do projeto de obter incentivos financeiros que possam ser previstos pelo proprietário. Cottrell (2011: 48) oferece um exemplo desse risco: pode surgir um cenário em que um consultor não apresente determinada documentação de apoio a um crédito específico. Isto faria com que o projeto não atingisse o nível previsto de certificação e os créditos associados e poderia expor o consultor a um montante de responsabilidade desproporcionadamente elevado em comparação com o montante total do seu contrato.

Riscos de desempenho

Por último, no que diz respeito aos riscos de desempenho, Cottrell (2011: 49) afirma que os projectistas ou consultores que prestam serviços de certificação a terceiros devem ter o cuidado de manter o seu seguro de responsabilidade profissional em vigor, evitando a linguagem ou outras representações nos seus contratos que possam ser interpretadas pela sua seguradora como o equivalente a uma garantia ou uma garantia de que o projeto acabará por atingir um nível específico de certificação.

CAPÍTULO 3: OS DADOS, O SEU TRATAMENTO E A SUA INTERPRETAÇÃO

3.1. Os dados

Os dados para a investigação foram compilados em duas secções, nomeadamente dados primários e dados secundários.

3.1.1. Dados primários

Os dados primários para este estudo foram obtidos através de um estudo por questionário. O questionário foi dirigido a arquitectos, engenheiros, empreiteiros e clientes da indústria da construção que eram todos profissionais acreditados e registados na GBCSA em toda a África do Sul. Embora a construção ecológica não seja uma novidade no sector da construção sul-africano, a utilização do sistema de certificação Green Star é relativamente recente e, por isso, foi necessário receber feedback de várias partes interessadas e identificar as suas opiniões sobre o assunto. O questionário foi anexado e enviado por correio eletrónico com uma carta de apresentação aos inquiridos, que responderam por correio eletrónico ou fax.

3.1.2. Dados secundários

Os dados secundários foram obtidos a partir de livros, jornais online, revistas e artigos. Os instrumentos de investigação fornecidos pelas bibliotecas da Nelson Mandela Metropolitan University North foram utilizados na recolha de informações para o estudo.

3.2. Critérios de admissibilidade dos dados

3.2.1. Os dados primários

Os dados primários foram obtidos através de um questionário e os seguintes critérios determinaram a admissibilidade dos dados:

O mesmo questionário foi enviado a todos os inquiridos. A plataforma utilizada para obter os dados de contacto dos vários intervenientes na indústria da construção foi exclusivamente o Green Building Council of South Africa.

3.2.2. Dados secundários

Os dados secundários foram selecionados de acordo com a relevância do estudo. Os dados reflectiram as melhores respostas aos subproblemas e expandiram o corpo de conhecimento em torno dos sistemas de classificação verde à escala global.

A pesquisa dos dados foi efectuada na Universidade Metropolitana Nelson Mandela, utilizando as seguintes bases de dados como plataformas de obtenção de informações:

Ebscohost

Esmeralda

Google Acadêmico

Acesso à ciência

Engenharia de acesso

Sabinet

Base de dados OPAC da Universidade Metropolitana Nelson Mandela

3.3. A metodologia de investigação

O estudo foi realizado através da revisão da literatura e das conclusões de outros investigadores e autores. Seguiu-se uma abordagem de investigação empírica que incorporou um questionário como meio de recolha de dados qualitativos e quantitativos do estrato da amostra.

3.3.1. O estrato da amostra

O estudo foi dirigido a arquitectos, engenheiros, empreiteiros e clientes da indústria da construção, todos eles profissionais acreditados e registados na GBCSA em toda a África do Sul. Foi criado um questionário eletrónico como forma de melhorar a taxa de resposta, o comprimento do questionário também foi reduzido ao mínimo. No entanto, o inquérito abordou os objectivos do estudo da melhor forma possível. Foram utilizados vários métodos, como chamadas telefónicas de acompanhamento, para aumentar a taxa de resposta.

3.3.2. Análise de dados

O questionário utilizou uma escala do tipo "Likert" de cinco pontos, uma vez que permite uma análise fácil dos dados. A escala varia de 1 a 5; 1 representa menor/nunca e 5 maior/sempre. Existe também um componente "U" que representa a falta de certeza quando o inquirido não consegue responder a uma pergunta específica. Foi calculada uma pontuação média (MS) para desenvolver uma tendência central que acrescentasse significado e compreensão aos resultados globais do estudo. Devido ao facto de a pontuação média poder ser calculada, permite que os resultados sejam classificados em termos de importância ou mais comuns e, consequentemente, é possível obter mais informações sobre os resultados do estudo.

3.4. Desenvolvimento do questionário

3.4.1. Introdução

O objetivo do questionário era recolher dados sobre as percepções dos profissionais da indústria local relativamente ao processo de classificação da construção ecológica, bem como sobre os problemas ou limitações actuais com que a indústria local se depara. Naturalmente, era crucial que o questionário não fosse demasiado complexo, mas que permitisse que as perguntas fossem facilmente compreendidas e respondidas com relativa facilidade. O questionário foi elaborado com base nos subproblemas e nas suas hipóteses, permitindo testar as hipóteses relevantes. O questionário era composto por quatro secções e um total de dezanove perguntas. As perguntas foram limitadas tanto quanto possível para permitir que os inquiridos gastassem o mínimo de tempo a responder ao questionário. Calculou-se que o questionário demoraria 8 a 10 minutos a ser preenchido. Foi criada uma secção no questionário para permitir comentários gerais dos inquiridos ou para lhes permitir acrescentar e desenvolver o tema, bem como comentar a qualidade do questionário.

3.4.2. Conceção do questionário

O questionário era composto por quatro secções principais:

Section 1 - Esta secção continha a informação demográfica dos inquiridos em termos de qualificações, posição atual e função na indústria da construção.

Section 2 - Esta secção continha as perguntas relevantes para os subproblemas e hipóteses. As perguntas baseavam-se no sistema "Likert" de cinco pontos.

Section 3 - Esta secção era apenas um espaço para os inquiridos acrescentarem as suas ideias sobre o tema e comentarem o questionário.

Section 4 - Esta secção continha espaço para os inquiridos acrescentarem os seus dados pessoais em termos da organização para a qual trabalham, bem como os seus dados de contacto.

Quadro 3.1. Conceção do questionário

Pergunta nº.	Hipóteses		
	1	2	3
1			X
2			X
3	X		
4	X		
5	X		
6	X		
7	X		
8		X	
9		X	
10		X	X
11		X	

12		X	
13		X	
14			X
15			X
16			X
17			X
18			X
19			X

3.4.3. Taxa de resposta

Quadro 3.2 Taxas de resposta ao questionário

Número total de questionários distribuídos	N.º de inquiridos	N.º incluído na análise	Taxa de resposta (%)
85	26	26	30.59%

3.4.4. Administração do questionário

A elaboração do questionário teve início a 19th de setembro de 2015 e foi distribuído continuamente de 26th de setembro de 2015 a 2nd de novembro de 2015. Foi fixado um objetivo de 25 respostas, a fim de obter um volume de resultados suficiente para aumentar a precisão do estudo.

3.4.5. Valores em falta

Para ter em conta o défice de inquiridos que possam ter tido dificuldades em responder a algumas das perguntas do estudo, foi dada a opção de selecionar "U" (não tenho a certeza) em todas as perguntas, a fim de evitar que as perguntas fossem deixadas de fora ou que fosse selecionado um valor aleatório para completar o questionário.

3.5. Considerações éticas

O questionário foi respondido pelos inquiridos de livre vontade. Todas as informações recolhidas através do questionário foram mantidas estritamente confidenciais. Todos os inquiridos foram informados das finalidades e objectivos do estudo e todos tiveram a possibilidade de se retirar do estudo em qualquer altura.

CAPÍTULO 4: RESULTADOS E CONCLUSÕES

4.1.Introdução

Neste capítulo, os resultados estatísticos do questionário são analisados, interpretados e discutidos, com enfoque específico em cada pergunta. Os dados são utilizados para determinar em que medida os subproblemas identificados são relevantes para o estudo. As hipóteses são também testadas com base nos resultados para avaliar em que medida contribuem para os respectivos subproblemas.

Os termos utilizados na análise e interpretação dos dados são apresentados em seguida:

Tabela 4.1. Termos utilizados na análise e interpretação dos dados

Condições	**Percentagem Intervalo (%)**
Minoria	≤ 33.3%
Menos de metade	≥ 33,4% a < 50%
Metade	50%
Mais de metade	> 50% a < 66,6%
Maioria	≥ 66,7% a < 80%
A maioria	≥ 80% a < 100%
Todos	100%

Tal como referido anteriormente, a conceção do questionário baseia-se numa escala de "Likert" de cinco pontos que permite ao inquirido indicar em que medida concorda, discorda, pode relacionar-se ou experimenta os parâmetros relacionados com a respectiva pergunta. Por conseguinte, a escala de "Likert" permitiu que os inquiridos respondessem às perguntas selecionando de um intervalo de 1 nunca/menor a 5 sempre/maior e a opção "inseguro" para os inquiridos que não conseguiam responder a uma pergunta específica. Esta escala constituiu a base para o cálculo da pontuação média.

A fim de descrever os dados mais pormenorizadamente, foram utilizados os seguintes termos na análise da EM ponderada:

Tabela 4.2 Intervalo e categorias das classificações médias (MS)

Gama	**Categoria**
≥ 1,00 a < 1,80	Pequena extensão
	Não importante a menos que importante
> 1,80 a ≤ 2,60	De pequena a quase pequena dimensão
	Menos importante
> 2,60 a ≤ 3,40	Quase menor grau até certo ponto
	De menos importante a importante

> 3,40 a ≤ 4,20	De uma certa forma a uma forma quase importante
	Importante a mais do que importante
> 4,20 a ≤ 5,00	Quase grande extensão a grande extensão
	Mais do que importante a muito importante

3.6. Resultados e conclusões do inquérito

Esta secção contém os resultados do questionário que foi utilizado durante o estudo. A estrutura e a numeração desta secção são coerentes com as utilizadas no questionário para facilitar a correlação entre os dados reais e as conclusões.

3.6.1. Secção 1 - Informações demográficas

A análise das informações demográficas dos inquiridos é necessária para determinar quem são os inquiridos, em que funções trabalham no sector e qual o seu nível de experiência.

Pergunta 1.1 - Indique as suas qualificações mais elevadas

A Figura 4.1 ilustra as qualificações mais elevadas obtidas pelos inquiridos. É notável que 31% dos inquiridos tenham graus de bacharelato e de mestrado, respetivamente. Dado que a maioria dos inquiridos (96%) possui qualificações de nível superior, pode presumir-se que os inquiridos possuem as aptidões, competências e conhecimentos necessários para preencher o questionário com precisão.

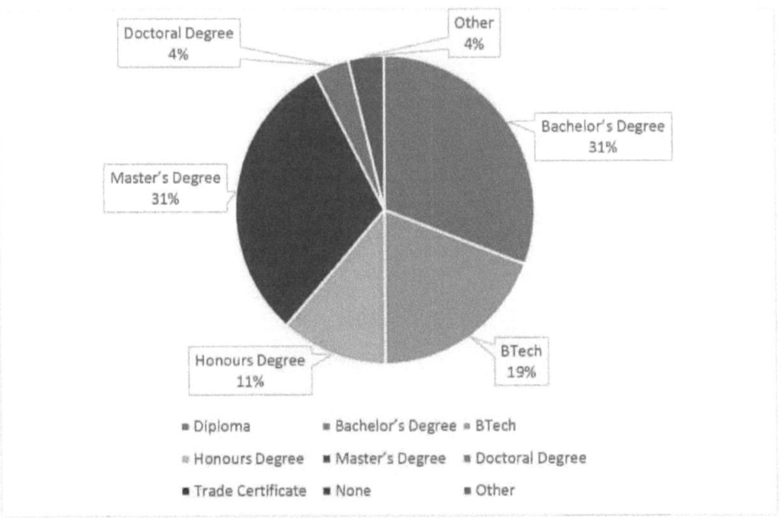

Figura 4.1 Qualificações obtidas pelos inquiridos

Pergunta 1.2 - Indique o seu tempo de envolvimento no sector

A Figura 4.2 indica o número de anos em que os inquiridos estão envolvidos na indústria da construção. As pessoas com 10 a 15 anos e 25 a 30 anos de experiência na indústria da construção representam 19% do total dos 26 inquiridos, respetivamente, seguidos de perto pelos 15% de pessoas com 5 a 10 anos e 15 a 20 anos de experiência. Isto significa que a maioria dos inquiridos (76%) tem entre 5 e 30 anos de experiência de trabalho, o que indica que os inquiridos estão envolvidos na indústria há tempo suficiente para se identificarem com as questões apresentadas e darem respostas exactas e realistas com base no que experimentaram ao longo dos anos.

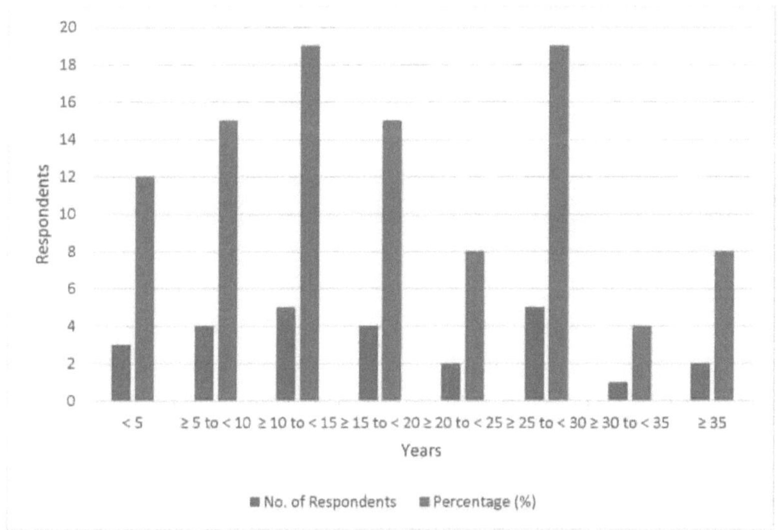

Figura 4.2 Período de envolvimento no sector da construção

Pergunta 1.3 - Indique a sua função no sector da construção

O Quadro 4.3 indica as várias funções dos inquiridos no sector da construção. É notável que os consultores sustentáveis/verdes (outros) representam menos de metade dos 26 inquiridos (35%) e que os engenheiros, arquitectos e empreiteiros contribuíram com 23%, 19% e 15% dos inquiridos, respetivamente. Os avaliadores de quantidades representaram 8% dos inquiridos.

Quadro 4.3 Papel no sector da construção

Papel no sector	N.º de inquiridos	Percentagem (%)
Arquiteto	5	19
Empreiteiro	4	15
Gestor de construção	0	0
Gestor de projectos	0	0

Inspetor de quantidades	2	8
Engenheiro	6	23
Outros	9	35
Total	**26**	**100**

Pergunta 1.4 - Indique o sector em que exerce a sua profissão (%)

Table 4.4 indica o envolvimento do inquirido no sector público, no sector privado ou em ambos. Mais de metade dos inquiridos (61%) trabalha tanto no sector público como no privado, com uma minoria (27%) a trabalhar apenas no sector privado e (12%) a trabalhar apenas no sector público.

Quadro 4.4 Setor de trabalho na indústria da construção

Setor de trabalho	N.º de inquiridos	Percentagem (%)
Apenas privado	7	27
Apenas público	3	12
Ambos	16	61
Total	**26**	**100**

Pergunta 1.5 - Indique o cargo que ocupa atualmente

Table 4.5 indica os cargos atualmente ocupados pelos inquiridos. Metade dos inquiridos são gestores e diretores. Isto indica que o questionário foi respondido principalmente numa perspetiva de liderança.

Quadro 4.5 Posição atual ocupada

Posição atual	N.º de inquiridos	Percentagem (%)
Parceiro	3	12
Associado	4	15
Diretor	7	27
Diretor	6	23
Estagiário/estagiário	0	0
Outros	6	23
Total	**26**	**100**

Pergunta 1.6 - Indique o período de tempo em que ocupou este cargo

A Figura 4.3 indica o período de tempo durante o qual os inquiridos ocuparam os respectivos cargos. Os inquiridos que ocupam os seus cargos há menos de 5 anos constituem a maioria dos inquiridos, com 27%.

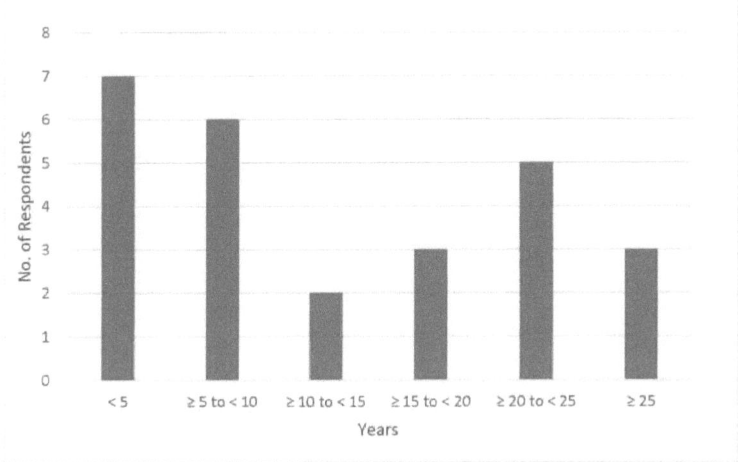

Figura 4.3 Período de tempo na posição

4.2.2. Secção 2 - Provas

Pergunta 1 - Tem alguma experiência profissional anterior em projectos ecológicos?

A Tabela 4.6 indica o número de inquiridos com experiência de trabalho anterior em construção ecológica. Uma taxa percentual de 81% indica que a maioria dos inquiridos teve contacto com a construção ecológica, enquanto 19% não tiveram qualquer experiência.

Tabela 4.6. Número de inquiridos com experiência profissional anterior em projectos ecológicos

Resposta (%)			
Sim	81	**Não**	19

Pergunta 2 - Tem alguma experiência de trabalho anterior com um projeto registado na Green Star SA que pretenda obter a certificação?

A Tabela 4.7 indica o número de inquiridos com experiência de trabalho em projectos ecológicos que procuram especificamente a certificação. Uma taxa percentual de 58% indica que mais de metade dos inquiridos esteve exposta ao processo, enquanto menos de metade (42%) não esteve.

Tabela 4.7. O número de inquiridos com exposição à certificação Green Star SA

processo

Resposta (%)			
Sim	58	**Não**	42

Pergunta 3 - Como classificaria a situação atual do sistema de certificação Green Star na África do Sul, segundo os seguintes parâmetros, de **1 (não desenvolvido) a 5 (bem desenvolvido)**? **(Por favor,**

assinale a resposta "Não tenho a certeza")

O Quadro 4.8 indica em que medida os inquiridos consideram que o sistema de certificação Green Star SA está desenvolvido. Quase um terço dos inquiridos considera que o sistema está bem desenvolvido, ao passo que a média de 4,10 indica que os inquiridos consideram que o sistema está, em certa medida, quase totalmente desenvolvido, e uma minoria (19%) não tem a certeza.

Quadro 4.8. Em que medida os inquiridos consideram que o sistema Green Star SA está desenvolvido

	Resposta (%)					
Não sei	**Não desenvolvido .....**			**Bem desenvolvido**		**Média**
U	**1**	**2**	**3**	**4**	**5**	**Pontuação**
19	0	0	23	27	31	4.10

Pergunta 4 - Numa escala de **1 (menor) a 5 (maior)**, classifique o nível de dificuldade em satisfazer os critérios que permitiriam a um projeto ser elegível para uma avaliação Green Star SA? **(Por favor, registe a resposta "Não tenho a certeza"**)

O Quadro 4.9 indica em que medida os inquiridos consideram difícil cumprir os critérios de avaliação do Green Star SA. É de salientar que nenhum dos inquiridos classificou os critérios como uma grande dificuldade. Existe também uma pequena diferença na pontuação dos critérios, embora os Requisitos Condicionais tenham sido classificados como os mais elevados, com uma pontuação média de 2,17, o que indica um grau de dificuldade menor ou quase menor. Isto indica, portanto, que o cumprimento dos critérios de avaliação da Green Star SA não representa um grande desafio para as equipas de projeto.

Quadro 4.9. Em que medida os inquiridos consideram difícil cumprir os critérios Green Star SA

Resposta (%)

Critérios		**Não sei**	**Menor.......... .... Maior**					**Pontuação média**	**Classificação**
			1	**2**	**3**	**4**	**5**		
4.1	Requisitos condicionais	12	27	31	19	12	0	2.17	1
4.2	Calendário da certificação	23	31	27	8	12	0	2.00	2
4.3	Diferenciação espacial	12	42	27	12	8	0	1.83	3
4.4	Utilização do espaço	19	23	54	4	0	0	1.76	4

Pergunta 5 - Indique em que medida os processos envolvidos na obtenção de uma classificação Green Star SA e, em última análise, da certificação, têm impacto na duração global dos projectos de construção ecológica, de acordo com os seguintes parâmetros, de **1 (pouco importante) a 5 (muito**

importante)? (Por favor, tome nota da resposta "Não tenho a certeza")

O Quadro 4.10 indica em que medida os inquiridos consideram que o processo de certificação tem impacto na duração global da construção ecológica. É notável que o comissionamento tenha sido classificado como o mais elevado, com uma pontuação média de 3,15, indicando apenas um impacto quase insignificante. No entanto, os inquiridos indicaram que o processo pode demorar até 18 meses. Isto indica, portanto, que o processo de certificação afecta, em certa medida, a duração da construção de edifícios ecológicos.

Quadro 4.10. Em que medida os inquiridos consideram que o processo de certificação afecta a duração global da construção ecológica

Resposta (%)

Processo		Não sei	Menor.................		.... Major			Pontuação média	Classificação
			1	2	3	4	5		
5.1	Colocação em funcionamento	23	4	8	46	12	8	3.15	1
5.2	Envio de documentação	23	23	19	12	23	0	2.45	2
5.3	Avaliações de crédito	23	35	19	0	23	0	2.15	3
5.4	Registo de projectos	27	46	12	8	8	0	1.68	4

Pergunta 6 - Com base na sua experiência pessoal, até que ponto as equipas de projeto resistem a adotar as tarefas adicionais associadas ao processo de certificação? Indique numa escala de **1 (nunca) a 5 (sempre), (tenha em atenção a resposta "Não tenho a certeza").**

A Tabela 4.11 indica que os inquiridos consideram que as equipas de projeto têm uma certa resistência em adotar as tarefas adicionais associadas ao processo de certificação, com uma pontuação média de 2,83.

Tabela 4.11. Em que medida os inquiridos consideram que as equipas de projeto são resistentes à adoção das tarefas adicionais associadas ao processo de certificação

Resposta (%)						
Não sei	Nunca.....				.... Sempre	Pontuação média
U	1	2	3	4	5	
8	4	15	65	8	0	2.83

Pergunta 7 - Na sua opinião, numa escala de **1 (pouco) a 5 (muito),** em que medida a natureza elaborada do processo de certificação afecta o interesse em participar em projectos ecológicos? **(Por favor, tome nota da resposta "Não tenho a certeza").**

O quadro 4.12 indica que a natureza do processo de certificação afecta, em certa medida, o interesse em empreender projectos ecológicos, com uma pontuação média de 2,70.

Quadro 4.12. Em que medida os inquiridos consideram que a natureza do processo de certificação afecta, por si só, o interesse em participar em projectos ecológicos

Resposta (%)						
Não sei	Menor.......... Maior					Pontuação média
U	1	2	3	4	5	
23	4	35	19	19	0	2.70

Pergunta 8 - Que nível de envolvimento é exigido à equipa de projeto relativamente às escolhas de materiais nas fases seguintes do projeto? Indique numa escala de 1 **(pouco importante) a 5 (muito importante)**. **(Por favor, tome nota da resposta "Não tenho a certeza").**

O quadro 4.13 indica em que medida é necessário o envolvimento da equipa de projeto na escolha dos materiais. É notável que a fase de conceção tenha sido a mais elevada, com uma pontuação média de 4,00, o que indica que o envolvimento da equipa de projeto é de alguma forma quase importante. O envolvimento da equipa de projeto na fase de construção, bem como na definição da estratégia de aquisição, também foi considerado como tendo uma dimensão quase importante, com uma pontuação média de 3,76 e 3,80, respetivamente. A fase de conceção do projeto foi classificada como a mais baixa, indicando um grau de envolvimento da equipa do projeto próximo do menor a algum. Em geral, isto indica que é necessário um contributo relativamente grande das equipas de projeto no que diz respeito à seleção de materiais.

Tabela 4.13. Em que medida os inquiridos consideram que é necessário o envolvimento da equipa de projeto no que respeita às escolhas de materiais

Resposta (%)

Estágio		Não sei	Menor...... Major					Pontuação média	Classificação
			1	2	3	4	5		
8.1	Fase de conceção	4	0	8	19	35	35	4.00	1
8.2	Definição da estratégia de aquisição	4	8	0	19	46	23	3.80	2
8.3	Fase de construção	4	8	12	27	23	27	3.76	3
8.4	Conceção do projeto	4	19	8	38	12	19	3.04	4

Pergunta 9 - Em que medida, numa escala de **1 (pouco) a 5 (muito)**, os seguintes factores constituem um desafio para uma equipa de projeto na seleção de materiais? **(Por favor, tome nota da resposta "Não tenho a certeza").**

A Tabela 4.14 indica até que ponto uma equipa de projeto pode ser confrontada com desafios na seleção de materiais ecológicos. É notável que todos os factores indicam um grau quase insignificante, sendo a disponibilidade de materiais e produtos ecológicos o mais elevado, com uma pontuação média de 3,09.

Quadro 4.14 Em que medida as equipas de projeto se deparam com desafios na seleção de materiais ecológicos.

Resposta (%)

Factores		Não sei	Menor			Major		Pontuação média	Classificação
			1	2	3	4	5		
9.1	Disponibilidade de materiais e produtos ecológicos	12	8	19	27	27	8	3.09	1
9.2	Certeza dos materiais e produtos ecológicos necessários	12	19	0	46	23	0	2.83	2
9.3	Consenso sobre as normas de materiais e produtos	12	19	12	27	31	0	2.78	3

Pergunta 10 - Numa escala de **1 (menor) a 5 (maior)**, classifique a prevalência dos desafios enfrentados por uma equipa de projeto em projectos de construção ecológica. **(Por favor, tome nota da resposta "Não tenho a certeza"**).

A Tabela 4.15 indica até que ponto uma equipa de projeto pode enfrentar certos desafios em projectos de construção ecológica. No entanto, a certeza do desempenho específico exigido para a construção ecológica foi a mais elevada, com uma pontuação média de 2,72, indicando que é quase insignificante em certa medida.

Quadro 4.15 Grau em que uma equipa de projeto pode enfrentar desafios em projectos de construção ecológica

Resposta (%)

Desafios		Não sei	Menor			.... Major		Pontuação média	Classificação
			1	2	3	4	5		
10.1	Certeza do desempenho específico exigido para a construção ecológica	4	23	19	23	23	8	2.72	1
10.2	Falta de comunicação entre os membros	8	12	35	19	27	0	2.67	2
10.3	Conflitos sobre o tipo de material a utilizar	12	8	27	46	8	0	2.61	3

Pergunta 11 - Em que medida, numa escala de **1 (pouco importante) a 5 (muito importante)**, os seguintes factores influenciam a escolha dos materiais, tendo em conta as influências da equipa de projeto? **(Por favor, tome nota da resposta "Não tenho a certeza").**

A Tabela 4.16 indica até que ponto certos factores podem afetar as escolhas de materiais no que diz respeito às influências da equipa de projeto. É notável que a experiência anterior em projectos tenha sido classificada como a mais elevada, com uma pontuação média de 3,88, indicando uma certa extensão, quase maior. O conhecimento pessoal também foi considerado como tendo uma extensão quase maior, com uma pontuação média de 3,79. Por conseguinte, pode presumir-se que as equipas de projeto têm de confiar muito na sua opinião pessoal relativamente à seleção de materiais ecológicos.

Quadro 4.16 Medida em que determinados factores afectam as escolhas de materiais no que diz respeito às influências da equipa de projeto

Resposta (%)

Factores		**Não sei**	**Menor......**			**Major**		**Pontuação média**	**Classificação**
			1	**2**	**3**	**4**	**5**		
11.1	Experiência anterior em projectos	4	0	0	27	54	15	3.88	1
11.2	Conhecimento pessoal	8	0	0	27	57	8	3.79	2
11.3 11.4	Recursos de conhecimento e informação	4	0	8	23	65	0	3.60	3
	Opinião da equipa	4	8	19	46	23	0	2.88	4
11.5	Pareceres externos	19	12	27	23	19	0	2.61	5
11.6	Ética da empresa	19	12	35	27	8	0	2.19	6

Pergunta 12 - Em que medida, numa escala de **1 (pouco) a 5 (muito)**, os seguintes factores influenciam a escolha dos materiais no que respeita à sustentabilidade dos materiais? **(Por favor, tome nota da resposta "Não tenho a certeza").**

O quadro 4.17 indica em que medida determinados factores podem afetar as escolhas de materiais no que diz respeito à sustentabilidade dos materiais. É de notar que existe uma pequena diferença na pontuação, no entanto, o conteúdo reciclado dos materiais foi classificado como o mais elevado, com uma pontuação média de 3,81, indicando um grau de importância quase elevado.

Quadro 4.17 Medida em que determinados factores afectam as escolhas de materiais no que respeita à sustentabilidade dos materiais Resposta (%)

Factores	**Não sei**	**Menor........**				**.. Maior**	**Pontuação média**	**Classificação**
		1	**2**	**3**	**4**	**5**		

12.1	Conteúdo reciclado dos materiais	19	0	0	27	42	12	3.81	1
12.2	Sustentabilidade da cadeia de abastecimento	23	0	12	35	23	8	3.35	2
12.3	Carbono incorporado dos materiais	23	0	15	31	23	8	3.30	3
12.4	Opções para o fim da vida	23	12	12	27	15	12	3.05	4

Pergunta 13 - Em que medida, numa escala de **1 (pouco) a 5 (muito)**, os seguintes factores influenciam a escolha dos materiais no que se refere à sua função e conceção? **(Por favor, tome nota da resposta "Não tenho a certeza").**

O Quadro 4.18 indica em que medida certos factores podem afetar as escolhas de materiais no que diz respeito à sua função e conceção. É notável que o desempenho técnico tenha sido classificado como o mais elevado, com uma pontuação média de 4,22, o que indica um grau de importância quase maior ou maior. A entrega do projeto, bem como o fornecimento de materiais, foram considerados como tendo um grau de importância quase importante, com uma pontuação média de 4,00 e 3,85, respetivamente.

Quadro 4.18 Até que ponto determinados factores podem afetar as escolhas de materiais no que diz respeito à função e conceção dos materiais.

Resposta (%)									
Factores		**Não sei**	**Menor......**			**Major**		**Pontuação média**	**Classificação**
			1	**2**	**3**	**4**	**5**		
13.1	Desempenho técnico	12	0	0	12	46	31	4.22	1
13.2	Entrega de projectos	12	0	0	31	27	31	4.00	2
13.3	Fornecimento de material	23	0	0	23	42	12	3.85	3
13.4	Aprovações, autorizações e requisitos de materiais	12	4	15	35	27	8	3.22	4
13.5	Requisitos de conceção multidisciplinares	23	0	19	31	27	0	3.10	5

Pergunta 14 - Numa escala de **1 (pouco importante) a 5 (muito importante)**, como classificaria a necessidade de aumentar a educação e/ou a formação da equipa de projeto especificamente no que diz respeito à construção ecológica? **(Por favor, tome nota da resposta "Não tenho a certeza").**

Uma pontuação média de 3,61, tal como indicado no Quadro 4.19, confirma que existe, em certa medida, quase em grande medida, uma necessidade de aumentar a educação e/ou formação da equipa de projeto especificamente no que diz respeito à construção ecológica.

Quadro 4.19. Em que medida os inquiridos consideram que é necessário aumentar a educação e/ou a formação da equipa de projeto especificamente no que diz respeito à construção ecológica

Resposta (%)						
Não sei	Menor .... Maior					Pontuação média
U	1	2	3	4	5	
12	0	12	23	42	12	3.61

Pergunta 15 - Na sua opinião, é necessário fazer mais para acelerar o crescimento da construção ecológica na África do Sul?

A Tabela 4.20 indica o número de inquiridos que consideram que é necessário fazer mais para acelerar o crescimento da construção ecológica na África do Sul. Uma taxa percentual de 92% indica que a maioria dos inquiridos se apercebe desta necessidade, enquanto a minoria (8%) não o faz.

Tabela 4.20. Número de inquiridos que consideram que devem ser tomadas mais medidas para acelerar o crescimento da construção ecológica na África do Sul

Resposta (%)			
Sim	92	**Não**	8

Pergunta 16 - Indique, numa escala de **1 (pouco importante) a 5 (muito importante),** qual o grau de dificuldade que os seguintes factores representariam para uma equipa de projeto com pouca ou nenhuma experiência em construção ecológica para obter com êxito a certificação. **(Por favor, assinale a resposta "Não tenho a certeza").**

A Tabela 4.21 indica os desafios enfrentados por uma equipa de projeto com pouca ou nenhuma experiência em construção ecológica para obter a certificação com êxito. É notável que a gestão da informação relacionada com o verde tenha sido classificada como a mais elevada, com uma pontuação média de 3,68, indicando uma certa extensão a uma extensão quase importante.

Quadro 4.21 Desafios enfrentados por uma equipa de projeto com pouca ou nenhuma experiência em construção ecológica para obter a certificação com êxito

Resposta (%)									
Factores		**Não sei**	**Menor...... Major**					**Pontuação média**	**Classificação**
			1	**2**	**3**	**4**	**5**		
16.1	Gestão da informação ecológica	4	0	12	19	54	12	3.68	1
16.2	Sensibilização para as responsabilidades da construção ecológica	4	0	19	27	42	8	3.40	2
16.3	Capacidade de respeitar as	8	4	15	27	35	12	3.38	3

	especificações								
16.4	Utilização de novas tecnologias devido à construção ecológica	4	0	19	35	42	0	3.24	4
16.5	Gestão e controlo das tarefas	8	8	4	46	35	0	3.17	5
16.6	Fluxos de trabalho não normalizados na comunicação	12	0	23	38	19	8	3.13	6

Pergunta 17 - Na sua opinião, qual é o risco adicional que os seguintes elementos representam para uma equipa de projeto relativamente à construção de edifícios ecológicos em comparação com a construção tradicional, numa escala de **1 (menor) a 5 (maior)**? **(Por favor, tenha em atenção a resposta "Não tenho a certeza").**

O Quadro 4.22 indica que o risco financeiro continua a ser considerado o maior risco no que respeita à construção de edifícios ecológicos, em comparação com a construção tradicional, com uma pontuação média de 3,46, indicando uma extensão quase maior, enquanto os riscos de desempenho são considerados apenas de uma extensão quase menor a uma extensão, com uma pontuação média de 3,33.

Quadro 4.22 Riscos enfrentados por uma equipa de projeto relativamente à construção de edifícios ecológicos em comparação com a construção tradicional

Resposta (%)

Riscos associados		Não sei	Menor................................				Major	Pontuação média	Classificação
			1	2	3	4	5		
17.1	Financeiro	8	12	12	8	46	15	3.46	1
17.2	Desempenho	8	12	12	23	27	19	3.33	2
17.3	Regulamentação	4	23	19	23	23	8	2.72	3
17.4	Jurídico	4	23	42	19	8	4	2.24	4

Pergunta 18 - Classifique a probabilidade de ocorrência, numa escala de **1 (baixa) a 5 (alta)**, dos seguintes riscos associados à construção ecológica para uma equipa de projeto. **(Tenha em atenção a resposta "Não tenho a certeza").**

O Quadro 4.23 indica que o não cumprimento dos requisitos de certificação é o risco mais comum enfrentado por uma equipa de projeto no domínio da construção ecológica, com uma pontuação média de 3,00, indicando que é quase insignificante em certa medida. É de salientar que todos os riscos associados se situam neste intervalo.

Quadro 4.23 Probabilidade de ocorrência dos riscos associados à construção ecológica para uma equipa de projeto

Resposta (%)									
	Riscos associados	**Não sei**	**Baixo ...**				**.. Alto**	**Média Pontuação**	**Classificação**
			1	**2**	**3**	**4**	**5**		
18.1	Não cumprimento dos requisitos de certificação	0	12	19	27	42	0	3.00	1
18.2	Estabelecimento de normas contraditórias e de requisitos de projeto potencialmente inatingíveis	8	12	23	23	35	0	2.88	2
18.3	Calendário dos impactos associados à construção sustentável	4	19	23	19	35	0	2.83	3
18.4	Despesas operacionais superiores às previstas	8	27	12	19	23	12	2.79	4
18.5	Utilização de materiais e produtos com falhas de desempenho imediatas	4	27	19	42	0	8	2.40	5

Pergunta 19 - A sua organização planeia envolver-se na construção ecológica no futuro, especificamente em projectos que procuram obter certificação?

A Tabela 4.24 indica o número de inquiridos que prevêem um envolvimento futuro na construção ecológica, especificamente com projectos que procuram obter certificação. Uma taxa percentual de 92% indica que a maioria dos inquiridos continuará a aventurar-se em projectos verdes, enquanto a minoria (8%) indicou que não tem esse interesse.

Tabela 4.24. O número de inquiridos que prevêem um envolvimento futuro na construção verde, especificamente com projectos que procuram obter certificação

Resposta (%)			
Sim	92	**Não**	8

4.2.3. Secção 3 - Observações

Queira comentar a natureza e o conteúdo deste questionário, bem como a sua pertinência em relação ao tema da investigação.

Alguns inquiridos comentaram o questionário e os comentários gerais são indicados a seguir:

1. A certificação de edifícios ecológicos e a conceção de edifícios ecológicos podem, por vezes, ser vistas como coisas distintas.

2. É mais fácil para uma equipa de projeto com conhecimentos prévios respeitar os princípios ecológicos.

3. Algumas organizações tencionam envolver-se na construção ecológica no futuro, mas não querem ser condicionadas ou prejudicadas pelo facto de terem de obter uma certificação.

4. As perguntas são pertinentes, mas estão sujeitas ao que a pessoa que preenche o questionário considera ser um risco normal num edifício sem estrela verde.

5. Algumas perguntas são ambíguas e não estão bem estruturadas - classificação incerta.

6. O questionário centra-se principalmente nos impactos/riscos negativos associados à construção ecológica, por oposição aos benefícios e à atenuação dos riscos.

7. Antes do início de um projeto "estrela verde", um consultor obtém o apoio da equipa sobre a estratégia a seguir e explica onde podem ser obtidos materiais sustentáveis e quais as vantagens ou desvantagens da utilização de um determinado produto.

8. Um edifício ecológico não pode significar um edifício abaixo das normas, seja em que aspeto for.

9. Questões pertinentes, bem estudadas e reflectidas.

10. Existem problemas com as ferramentas de construção nova que criam dificuldades no cumprimento de determinados critérios, dos quais a GBCSA deve estar ciente nesta fase.

CAPÍTULO 5: TESTE DAS HIPÓTESES

5.1. Teste das hipóteses

5.1.1. Introdução

Os resultados e as conclusões do inquérito e da revisão da literatura foram utilizados para testar as hipóteses relacionadas com cada um dos respectivos subproblemas.

5.1.2. Hipótese 1

O processo de certificação exige a realização de muitas avaliações e apresentações para verificar e validar a auto-classificação do projeto.

Esta hipótese é apoiada pelos seguintes resultados empíricos:

- O quadro 4.10 indica em que medida os inquiridos consideram que o processo global de certificação tem impacto no desenvolvimento da construção ecológica. O comissionamento foi o mais elevado, com uma pontuação média de 3,15, indicando um grau quase insignificante a algum grau, com os inquiridos a afirmarem que este processo, por si só, pode demorar até 18 meses. Isto indica, portanto, que o processo de certificação exigiria mais de uma equipa de projeto e que, em certa medida, afecta mesmo a duração da construção de edifícios ecológicos.

- A Tabela 4.11 indica que, uma vez que podem ser necessários mais contributos de uma equipa de projeto, existe alguma resistência à adoção das tarefas adicionais associadas ao processo de certificação. Obteve-se uma pontuação média de 2,83, indicando um grau quase insignificante a algum grau

- O quadro 4.12 indica igualmente que a natureza do processo de certificação, por si só, também afecta, em certa medida, o interesse em participar em projectos ecológicos, com uma pontuação média de 2,70.

Esta hipótese é apoiada pela seguinte literatura:

- Bose (2010: 112) afirma que o processo de classificação Green Star é considerado moroso, na medida em que a recolha das informações de apoio necessárias para fundamentar os pontos suficientes para obter uma classificação Green Star elevada pode ser uma tarefa bastante árdua

- Kibert (2013:197) afirma que os projectos que pretendem obter a certificação terão requisitos adicionais em termos de documentação, requisitos para a entrada em funcionamento, bem como requisitos para o registo e a revisão da certificação, o que torna a atribuição de uma classificação Green Star um processo integrado e moroso.

5.1.3. Hipótese 2

Não existe um consenso claro sobre as normas ou critérios que os materiais e produtos devem cumprir para os caraterizar como preferíveis do ponto de vista ambiental ou ecológicos.

- O quadro 4.15 indica que os inquiridos consideram que estabelecer certezas sobre os materiais a utilizar constitui um desafio para a equipa de projeto, resultando em conflitos.

- A Tabela 4.16 indica até que ponto os inquiridos consideram que as escolhas de materiais são afectadas pelas influências da equipa de projeto. A experiência passada em projectos foi a mais elevada, com uma pontuação média de 3,88, indicando que a influência é quase total, enquanto o conhecimento pessoal e os recursos de conhecimento e informação também foram considerados como tendo uma influência quase total, com uma pontuação média de 3,79 e 3,60, respetivamente. Isto é, portanto, uma indicação de que as equipas de projeto confiam muito no seu conhecimento pessoal para decidir os critérios que os materiais e produtos devem cumprir para os caraterizar como ambientalmente preferíveis ou ecológicos.

- A Tabela 4.14 indica até que ponto uma equipa de projeto pode ser confrontada com desafios na seleção de materiais ecológicos. Todos os factores listados indicaram um grau quase insignificante, sendo a disponibilidade de materiais e produtos ecológicos o mais elevado, com uma pontuação média de 3,09. Por conseguinte, pode concluir-se que as equipas de projeto enfrentam algum nível de dificuldade na seleção de materiais e produtos especificamente para a construção ecológica.

Esta hipótese é apoiada pela seguinte literatura:

- Kibert (2013: 355) afirma que a seleção de materiais e produtos de construção para um projeto de construção ecológica de elevado desempenho tem sido conhecida como a tarefa mais difícil e desafiadora que a equipa de projeto enfrenta. Ele observa que isto se deve ao facto de que o que é e o que não é considerado ambientalmente preferível ainda está a ser estabelecido e ainda está aberto a debate. Por conseguinte, a equipa de projeto deve basear-se no seu próprio discernimento para decidir quais os materiais que melhor se adequam aos critérios de um projeto específico.

- Mokhlesian (2014: 4136) observa também que as compras ecológicas são dificultadas pela falta de conhecimentos disponíveis e fiáveis sobre produtos, materiais, sistemas, conceção e especificações ecológicas corretas, bem como pela avaliação dos requisitos ecológicos e pela disponibilidade de fornecedores ecológicos.

5.1.4. Hipótese 3

A exposição e a formação mínimas em matéria de construção ecológica significam que a equipa do projeto não está plenamente consciente dos métodos e protocolos necessários para a construção ecológica.

- O Quadro 4.6 indica que 81% dos inquiridos têm experiência profissional anterior com a construção ecológica, enquanto 19% não têm nenhuma. O Quadro 4.7 indica ainda que, desses 81%, mais de metade dos inquiridos (58%) tinha experiência com projectos ecológicos que procuravam especificamente a certificação, enquanto menos de metade (42%) não tinha.

- A Tabela 4.19 indica que os inquiridos consideram que é necessário aumentar a educação e/ou a formação da equipa de projeto especificamente no que diz respeito à construção ecológica, com uma pontuação média de 3,61.

- O Quadro 4.21 indica que uma equipa de projeto com pouca ou nenhuma experiência em construção ecológica enfrentará mais desafios na construção ecológica e, em última análise, na obtenção bem sucedida da certificação. A gestão da informação relacionada com a ecologia foi classificada como o maior desafio pelos inquiridos, com uma pontuação média de 3,68, que indica que o desafio pode ir de algum grau a quase grande.

Esta hipótese é apoiada pela seguinte literatura:

- Kibert (2013: 198) afirma que a falta de experiência com as normas ecológicas pode comprometer tanto o próprio projeto como a certificação.

- Kibert (2013: 198) afirma que a seleção da equipa de projeto deve geralmente basear-se na experiência, qualificações, trabalho anterior e compreensão demonstrada do programa e dos requisitos. O conhecimento detalhado do protocolo de avaliação é absolutamente vital se o objetivo for a certificação de edifícios verdes.

- Furr (2009: 167) sugere que o afastamento das práticas convencionais de conceção, construção e entrega de projectos expõe os proprietários, projectistas, empreiteiros e outros membros da equipa de projeto a novos riscos que podem não ser tidos em conta pelas estratégias convencionais de gestão de riscos.

- Os desafios tipicamente enfrentados pelas equipas de projeto em projectos de construção ecológica são resumidos por Hwang (2013: 3) na subsecção seguinte:

- Risco devido a diferentes formas contratuais de execução do projeto
- Desconhecimento das tecnologias verdes
- É necessária uma maior comunicação e interesse entre os membros da equipa do projeto

- Dificuldades técnicas durante o processo de construção
- Mais tempo necessário para implementar práticas de construção ecológica no local
- Processo de aprovação moroso para novas tecnologias ecológicas e materiais reciclados
- Custos mais elevados para práticas e materiais de construção ecológicos

CAPÍTULO 6: RESUMO, CONCLUSÕES E RECOMENDAÇÕES

6.1. Resumo

A investigação visava investigar a utilização e as implicações dos processos de classificação de edifícios ecológicos e o seu impacto na aceitação de projectos ecológicos na indústria da construção local sul-africana. O objetivo do estudo era também investigar se estes sistemas podem ser melhorados de modo a regular as práticas de construção ecológica em geral.

Os objectivos e a finalidade do estudo incluíam o seguinte

• Determinar em que medida os projectos com uma classificação de construção ecológica atraem os investidores.

• Determinar a mentalidade de uma equipa de projeto relativamente ao processo global de certificação.

• Investigar a forma como a utilização de sistemas de classificação influencia os processos de construção.

• Investigar as vantagens adicionais, caso existam, que os projectos certificados podem ter em relação aos projectos ecológicos não certificados.

• Explorar sistemas de classificação alternativos, possivelmente menos fastidiosos, que possam ser utilizados na indústria local.

Os subproblemas do estudo estavam relacionados com o longo processo de obtenção de uma classificação Green Star SA, a complexidade na aquisição dos materiais necessários para os projectos ecológicos, bem como os riscos envolvidos para uma equipa de projeto na construção de edifícios ecológicos. Estes constituíram o foco principal do estudo e do inquérito.

O estrato da amostra para o estudo foi limitado a arquitectos, engenheiros, empreiteiros e avaliadores de quantidades na indústria da construção, todos profissionais acreditados e registados na GBCSA em toda a África do Sul. Os pensamentos e contributos dos inquiridos foram obtidos através de um questionário baseado num sistema "Likert" de cinco pontos.

Os resultados indicaram que os factores que contribuem para os problemas acima referidos e que constituíram a base do presente estudo são os seguintes

• Os processos de classificação exigem documentação adicional, comissionamento, bem como requisitos de registo e revisão da certificação, o que contribui para a morosidade do processo.

• As escolhas de materiais são ditadas por factores que, em certa medida, afectam a estratégia de aquisição e contribuem para a sua complexidade.

- Por sua vez, os requisitos ecológicos afectam o calendário das aquisições.
- As compras ecológicas são dificultadas pela falta de conhecimentos disponíveis e fiáveis sobre produtos, materiais, sistemas, conceção e especificações ecológicas corretas, bem como pela avaliação dos requisitos ecológicos e da disponibilidade de fornecedores ecológicos.
- A falta de conhecimentos e de formação em matéria de construção ecológica significa que as equipas de projeto não estão familiarizadas com as práticas ecológicas.
- O afastamento da conceção, construção e entrega de projectos convencionais expõe as equipas de projeto a novos riscos.

6.2. Conclusões

O estudo indica que certos aspectos do processo de classificação contribuem negativamente para a aceitação de projectos ecológicos e, consequentemente, para o crescimento da construção ecológica. Tendo em conta a literatura relacionada e os resultados do estudo empírico, podem ser tiradas as seguintes conclusões:

- É necessário aumentar a exposição a projectos ecológicos que envolvam especificamente a certificação.
- O método de entrega de projectos normalmente utilizado, Design - Bid - Build, é contraditório e excecionalmente difícil de empregar em projectos de construção ecológica. As equipas de projeto são, portanto, colocadas em situações em que têm de utilizar os métodos de entrega de edifícios ecológicos menos conhecidos.
- Os processos de classificação prolongam a duração da construção de projectos ecológicos.
- As equipas de projeto são, em certa medida, resistentes à adoção das tarefas adicionais associadas aos processos de classificação, o que, por sua vez, afecta negativamente qualquer interesse em aventurar-se na construção ecológica.
- Considera-se que a fase de conceção exige o maior envolvimento da equipa de projeto no que respeita à construção ecológica, seguida da definição de uma estratégia de aquisição e, por fim, da construção. Isto indica que é crucial que uma equipa de projeto seja reunida na fase inicial da construção ecológica.
- O maior desafio que uma equipa de projeto enfrenta em relação à seleção e aquisição de materiais ecológicos é a disponibilidade dos materiais e produtos.
- As equipas de projeto enfrentam alguma incerteza quanto aos requisitos de desempenho específicos relativos à construção ecológica.

- As equipas de projeto têm de confiar muito nos seus conhecimentos pessoais e na sua experiência passada no que diz respeito à escolha de materiais ecológicos, uma vez que não existe um consenso claro sobre esta matéria.

- Há uma grande necessidade de aumentar a educação e a formação das equipas de projeto no que diz respeito à construção ecológica.

- Devido à pouca ou nenhuma experiência com a construção ecológica, as equipas de projeto deparam-se com dificuldades em cumprir as especificações, em gerir as tarefas relacionadas com a ecologia e em tomar consciência das responsabilidades da construção ecológica. Esta situação terá, em última análise, um impacto negativo no êxito dos projectos ecológicos.

- O risco financeiro continua a ser considerado o maior risco no que respeita à construção de edifícios ecológicos, quando comparado com a construção tradicional.

- O não cumprimento dos requisitos de certificação é o risco mais comum associado à construção ecológica.

6.3. Recomendações

A existência de normas e padrões de referência acordados para a construção ecológica permite uma avaliação objetiva do grau de ecologia de um edifício. As ferramentas de classificação de edifícios ecológicos servem, por conseguinte, como mecanismo para impulsionar a adoção e a aceitação de edifícios ecológicos.

A fim de melhorar estes sistemas e, em última análise, acelerar a sua utilização, há que ter em conta os seguintes aspectos

- Embora já existam regulamentos de construção que se centram no desenvolvimento sustentável, essas normas são menos intensivas do que as normas ecológicas ou não são devidamente aplicadas, pelo que são menos eficazes. Na Austrália, os governos locais tencionam incorporar a Green Star nos requisitos de planeamento, embora isso transforme a Green Star num instrumento legislativo e não voluntário.

A indústria local pode utilizar as ferramentas de classificação como instrumentos regulamentares, incorporando-as nos actuais regulamentos de Sustentabilidade Ambiental (SANS 10400X). Estes códigos são claramente diferentes das normas mínimas adoptadas nos códigos de construção ecológica, como o SANS 10400X, na medida em que determinam as melhores práticas. Isto implicará a inclusão de medidas prescritivas obrigatórias e possivelmente electivas destinadas a melhorar as práticas.

- Devem também ser considerados incentivos, como deduções fiscais ou taxas preferenciais, como a redução de direitos, para a utilização de sistemas de classificação, a fim de encorajar a sua utilização e promover o seu crescimento no sector.

- Todas as construções para além de um determinado limiar devem comprovar o cumprimento de práticas ecológicas.

- Explorar a utilização de sistemas alternativos, como o NABERS, que também tem origem na Austrália e é semelhante ao sistema americano Energy Star. Este sistema é mais amplamente utilizado na Austrália e difere do Green Star na medida em que classifica o desempenho e não a conceção, permitindo um processo mais rápido e mais barato, uma vez que não tem as condições prévias e as restrições de uma classificação de conceção Green Star.

- Em última análise, é necessária uma abordagem prática no desenvolvimento e promoção dos sistemas de classificação. Se os sistemas de classificação se tornarem demasiado complexos, não ganharão força no sector e, consequentemente, a sua influência será limitada, uma vez que apenas uma pequena percentagem de edifícios os utilizará.

6.4. Estudos futuros

Deverá ser efectuada uma investigação mais aprofundada sobre a forma como os sistemas de classificação podem ser implementados de forma mais eficaz, tendo em conta o seguinte

- Quais e como podem ser os novos regulamentos legislativos e em matéria de contratos públicos para facilitar a utilização dos sistemas de classificação.

- Como podem ser implementados sistemas alternativos, como o NABERS, para satisfazer as necessidades da indústria local.

- Como facilitar a transformação do método comum de construção Design-Bid-Build para métodos de entrega ecológicos

6.5. Encerramento

A afirmação seguinte constitui um fecho adequado para este estudo:

Paralelamente à aceitação dos edifícios ecológicos, surgiram sistemas de classificação de edifícios ecológicos. O crescimento dos edifícios verdes, por sua vez, deu origem à necessidade de medir e avaliar o seu desempenho, o que pode ser conseguido essencialmente com a ajuda de sistemas de classificação de edifícios verdes. (Mago, 2007:7).

REFERÊNCIAS

Ainger, C. e Fenner, R. (2014). *Infra-estruturas sustentáveis: Principles into Practice*. Londres: ICE Publishing.

Bodart, M. e Evrard, A. (2011). *Arquitetura e Desenvolvimento Sustentável (vol. 1): 27th Conferência Internacional sobre Passivo e Baixa Energia*. Bélgica: Presses univ. de Louvain.

Bose, R.K. (2010). *Energy Efficient Cities: Assessment Tools and Benchmarking Practices [Ferramentas de avaliação e práticas de avaliação comparativa]*. Washington: Publicações do Banco Mundial.

Building Research Establishment. (2008). Guia Verde: Classificações do Green Guide 2008.

Contrell, M. (2011). *Guia para o processo de certificação LEED: LEED for New Construction, LEED for Core and Shell e LEED for Commercial Interiors*. New Jersey: John Wiley & Sons.

Departamento de Assuntos Ambientais e Turismo. (2009). Green Building in South Africa: Emerging Trends.

Administração Federal de Trânsito. (2009). *Plano de ação para edifícios verdes de trânsito: Relatório ao Congresso*. Pennsylvania: DIANE Publishing.

Furr, J.E. (2009). *Green Building and Sustainable Development: The Practical Legal Guide*. Chicago: American Bar Association.

Green Building Council of South Africa. (2008). Manual Técnico Green Star SA - Escritório v1.

Hwang, B. (2013). *Os Gestores de Projeto estão preparados para a Construção Verde? - Challenges, Knowledge Areas, and Skills*. Austrália: CIB World Building Congress.

Hyde, R., Watson, S., Cheshire, W. e Thomson, M. (2009). *O Dossier Ambiental: Pathways for Green Design*. Londres: Taylor & Francis.

Jha, K.N. (2011). *Gestão de Projectos de Construção: Teoria e Prática*. Índia: Pearson Education.

Keeler, M. e Burke, B. (2009). *Fundamentals of Integrated Design for Sustainable Building*. New Jersey: John Wiley & Sons.

Kibert, C.J. (2013). *Construção Sustentável: Green Building Design and Delivery*. New Jersey: John Wiley & Sons.

Kubba, S. (2010). *Green Construction Project Management and Cost Oversight*. Oxford: Butterworth-Heinemann.

Mago, S. (2007). *Impacto dos Projectos LEED-NC nos Construtores e nas Práticas de Gestão da*

Construção. (Mestrado). Universidade Estadual de Michigan.

McGraw-Hill Construction. (2013). Tendências mundiais da construção ecológica.

Mokhlesian, S. (2014). Como é que os empreiteiros selecionam os fornecedores para projectos de construção mais ecológicos? O caso de três empresas suecas.

Parr, A. e Zaretsky, M. (2010). *New Diretions in Sustainable Design*. Londres: Routledge.

Ramkrishnan, K., Roper, K. e Castro-Lacouture, D. (2007). Green Building Rating and Delivery Systems in Building Construction: Toward Aec+P+F Integration. Actas IGLC-15, julho de 2007, Michigan, EUA.

Reeder, L. (2010). *Guide to Green Rating Systems: Understanding LEED, Green Globes, Energy Star, the National Green Building Standard, and More [Entendendo LEED, Globos Verdes, Estrela de Energia, Norma Nacional de Construção Verde e muito mais*]. Nova Jersey: John Wiley & Sons.

Sabnis, M.G. (2011). *Green Building with Concrete: Sustainable design and Construction*. CRC Press.

Shen, L., Ye, K. e Mao, C. (2015). *Actas do 19th Simpósio Internacional sobre o Avanço da Gestão da Construção e do Imobiliário*. Springer Science & Business Media.

O Manual de Construção Verde. (2013). CSIR

Conselho Mundial para a Construção Verde. (2009). How Green Building is Shaping the Global Shift to a Low Carbon Economy (Como a construção verde está a moldar a mudança global para uma economia de baixo carbono). novembro de 2009.

Turk, Z. e Scherer, R. (2002). *eWork and eBusiness in Architecture, Engineering and Construction*. CRC Press.

Wang, J., Ding, Z., Zou, L. e Zou, J. (2013). *Actas do 17th Simpósio Internacional sobre o Avanço da Gestão da Construção e do Imobiliário*. Springer Science & Business Media.

Warhoe, S. (2013). *Aplicando a Gestão do Valor Ganho a Projectos de Design-Bid-Build para Avaliar Perturbações de Produtividade: A System Dynamics Approach*. Florida: Universal Publishers.

Woolley, T., Kimmins, S., Harrison, P. e Harrison, R. (1997). *The Green Building Handbook*. Londres: Spon Press.

Yudelson, M. e Meyer, U. (2013). *Os edifícios mais verdes do mundo: Promise Versus Performance in Sustainable Design*. London: Routledge.

APÊNDICE A: CARTA DE APRESENTAÇÃO

- PO Box 77000 · Universidade Metropolitana Nelson Mandela
- Port Elizabeth - 6031 - África do Sul - www.nmmu.ac.za

26 de setembro de 2015

Caro(a) Senhor(a)

Re: Impacto dos sistemas de classificação no desenvolvimento da construção ecológica na África do Sul

Sou estudante na Universidade Metropolitana Nelson Mandela e estou a estudar para obter um diploma de Licenciatura em Gestão da Construção.

Este estudo, que faz parte de um projeto de investigação destinado a cumprir os requisitos para a obtenção do grau, tem como objetivo avaliar de que forma a utilização de sistemas de classificação de edifícios verdes, mais especificamente os processos neles envolvidos, afectam a adoção de projectos verdes na indústria local, bem como apresentar recomendações que possam proporcionar a sua melhoria.

Para o efeito, solicito que preencha o questionário em anexo e que o devolva por correio eletrónico para s211265160@nmmu.ac.za ou por fax para (041) 581 4564, à atenção do Sr. Kenneth Ntsono. Se preferir, as respostas também podem ser enviadas por correio para:

Departamento de Gestão da Construção

Universidade Metropolitana Nelson Mandela

Caixa postal 77000

Porto Elizabeth

6031.

Por favor, devolva-o até 30 de outubro de 2015 e, se tiver alguma dúvida, não hesite em contactar-me.

A confidencialidade da sua resposta é garantida.

Agradecendo desde já a vossa resposta.

Masego Leburu

Telemóvel: 082 097 0725

Correio eletrónico: s211265160@nmmu.ac.za

APÊNDICE B: QUESTIONÁRIO

Impacto dos sistemas de classificação no desenvolvimento da construção ecológica na África do Sul

Por Masego Leburu

Section 1: Informações demográficas (assinalar com um "X" as informações pertinentes)

1.1. Indique as suas qualificações mais elevadas:

Diploma		Diploma de Honra		Certificado comercial	
Bacharelato		Mestrado		Nenhum	
B Técnico		Doutoramento		Outros	

Se outro, especificar: ____________________________

1.2. Indique o seu tempo de envolvimento no sector da construção:

1.3. Indique a sua função no sector da construção:

Arquiteto		Gestor de construção	
Cliente		Gestor de projectos	
Empreiteiro		Inspetor de quantidades	
Engenheiro		Outros	

Se outro, especificar: ____________________________

1.4. Indique o sector em que exerce a sua atividade (%):

Privado		Público	

1.5. Indique o cargo que ocupa atualmente

Parceiro		Diretor	
Associado		Estagiário/estagiário	
Diretor		Outros	

Se outro, especificar: ____________________________

1.6. Indique o período de tempo em que ocupou este cargo:

Section 2: Prova

1. Tem alguma experiência profissional anterior em projectos ecológicos?

Sim	Não

2. Tem alguma experiência de trabalho anterior com um projeto registado na Green Star SA que pretenda obter a certificação?

Sim	Não

3. Como classificaria a situação atual do sistema de certificação Green Star na África do Sul, segundo os seguintes parâmetros, de 1 (não desenvolvido) a 5 (bem desenvolvido)? (por favor, assinale a resposta "Não tenho a certeza")

Não sei	Não desenvolvido......			Bem desenvolvido	
U	1	2	3	4	5

4. Numa escala de 1 (menor) a 5 (maior), classifique o nível de dificuldade em cumprir os critérios que permitiriam a um projeto ser elegível para uma avaliação Green Star SA? (assinalar a resposta "Não tenho a certeza")

Critérios		Não sei	Menor..................			...... Major	
			1	2	3	4	5
4.1	Diferenciação espacial	U	1	2	3	4	5
4.2	Utilização do espaço	U	1	2	3	4	5
4.3	Requisitos condicionais	U	1	2	3	4	5
4.4	Calendário da certificação	U	1	2	3	4	5

5. Indique em que medida os processos envolvidos na obtenção de uma classificação Green Star SA e, em última análise, da certificação, têm impacto na duração global dos projectos de construção ecológica, de acordo com os seguintes parâmetros, de 1 (pouco importante) a 5 (muito importante)? (assinale a resposta "Não tenho a certeza")

Processo		Não sei	Menor............................Maior				
			1	2	3	4	5
5.1	Registo de projectos	U	1	2	3	4	5
5.2	Envio de documentação	U	1	2	3	4	5
5.3	Colocação em funcionamento	U	1	2	3	4	5
5.4	Avaliações de crédito	U	1	2	3	4	5

6. Com base na sua experiência pessoal, até que ponto as equipas de projeto resistem a adotar as tarefas adicionais associadas ao processo de certificação? Indique numa escala de 1 (nunca) a 5 (sempre), (tenha em atenção a resposta "Não tenho a certeza").

Não sei	Nunca	Sempre

U	1	2	3	4	5

7. Na sua opinião, numa escala de 1 (pouco) a 5 (muito), em que medida a natureza elaborada do processo de certificação afecta, por si só, o interesse em participar em projectos ecológicos? (Por favor, tome nota da resposta "Não tenho a certeza").

Não sei	Menor.................			Major	
U	1	2	3	4	5

8. Que nível de envolvimento é exigido à equipa de projeto relativamente às escolhas de materiais nas fases seguintes do projeto? Indicar numa escala de 1 (pouco importante) a 5 (muito importante). (Por favor, tome nota da resposta "Não tenho a certeza").

Estágio		Não sei	Menor..................			...... Major	
			1	2	3	4	5
8.1	Conceção do projeto	U	1	2	3	4	5
8.2	Definição da estratégia de aquisição	U	1	2	3	4	5
8.3	Fase de conceção	U	1	2	3	4	5
8.4	Fase de construção	U	1	2	3	4	5

9. Em que medida, numa escala de 1 (pouco) a 5 (muito), os seguintes factores constituem um desafio para uma equipa de projeto na seleção de materiais? (Por favor, tenha em atenção a resposta "Não tenho a certeza").

Factores		Não sei	Menor............................Maior				
			1	2	3	4	5
9.1	Certeza dos materiais e produtos ecológicos necessários	U	1	2	3	4	5
9.2	Disponibilidade de materiais e produtos ecológicos	U	1	2	3	4	5
9.3	Consenso sobre as normas de materiais e produtos	U	1	2	3	4	5

10. Numa escala de 1 (menor) a 5 (maior), classifique a prevalência dos desafios enfrentados por uma equipa de projeto em projectos de construção ecológica. (Tenha em atenção a resposta "Não tenho a certeza").

Desafios		Não sei	Menor........................			...... Major	
			1	2	3	4	5
10.1	Conflitos sobre o tipo de material a utilizar	U	1	2	3	4	5

10.2	Falta de comunicação entre os membros	U	1	2	3	4	5
10.3	Certeza do desempenho específico exigido para a construção ecológica	U	1	2	3	4	5

11. Em que medida, numa escala de 1 (pouco) a 5 (muito), os seguintes factores influenciam a escolha dos materiais, tendo em conta as influências da equipa de projeto? (Por favor, tenha em atenção a resposta "Não tenho a certeza").

Factores		Não sei	Menor........................				...... Major
			1	2	3	4	5
11.1	Experiência anterior em projectos	U	1	2	3	4	5
11.2	Conhecimento pessoal	U	1	2	3	4	5
11.3	Opinião da equipa	U	1	2	3	4	5
11.4	Recursos de conhecimento e informação	U	1	2	3	4	5
11.5	Ética da empresa	U	1	2	3	4	5
11.6	Pareceres externos	U	1	2	3	4	5

12. Em que medida, numa escala de 1 (pouco) a 5 (muito), os seguintes factores influenciam a escolha dos materiais no que diz respeito à sustentabilidade dos materiais? (Por favor, tenha em atenção a resposta "Não tenho a certeza").

Factores		Não sei	Menor........................				...... Major
			1	2	3	4	5
12.1	Sustentabilidade da cadeia de abastecimento	U	1	2	3	4	5
12.2	Conteúdo reciclado dos materiais	U	1	2	3	4	5
12.3	Carbono incorporado dos materiais	U	1	2	3	4	5
12.4	Opções para o fim da vida	U	1	2	3	4	5

13. Em que medida, numa escala de 1 (pouco importante) a 5 (muito importante), os seguintes factores influenciam a escolha dos materiais no que diz respeito à sua função e conceção? (Por favor, assinale a resposta "Não tenho a certeza").

Factores		Não sei	Menor..................				...... Major
			1	2	3	4	5
13.1	Desempenho técnico	U	1	2	3	4	5

13.2	Entrega de projectos	U	1	2	3	4	5
13.3	Fornecimento de material	U	1	2	3	4	5
13.4	Requisitos de conceção multidisciplinares	U	1	2	3	4	5
13.5	Aprovações, autorizações e requisitos de materiais	U	1	2	3	4	5

14. Como classificaria a necessidade de aumentar a educação e/ou formação da equipa de projeto especificamente no que diz respeito à construção ecológica, numa escala de 1 (pouco) a 5 (muito)? (Por favor, tome nota da resposta "Não tenho a certeza").

Não sei	Menor..				Major
U	1	2	3	4	5

15. Na sua opinião, é necessário fazer mais para acelerar o crescimento da construção ecológica na África do Sul?

Sim	Não

16. Indique, numa escala de 1 (menor) a 5 (maior), qual o grau de dificuldade que os seguintes factores representariam para uma equipa de projeto com pouca ou nenhuma experiência em construção ecológica para obter com êxito a certificação. (Por favor, assinale a resposta "Não tenho a certeza").

Factores		Não sei	Menor			......Major	
			1	2	3	4	5
16.1	Capacidade de respeitar as especificações	U	1	2	3	4	5
16.2	Sensibilização para as responsabilidades da construção ecológica	U	1	2	3	4	5
16.3	Gestão e controlo das tarefas	U	1	2	3	4	5
16.4	Gestão da informação ecológica	U	1	2	3	4	5
16.5	Fluxos de trabalho não normalizados na comunicação	U	1	2	3	4	5
16.6	Utilização de novas tecnologias devido à construção ecológica	U	1	2	3	4	5

17. Na sua opinião, qual é o risco adicional que os seguintes elementos representam para uma equipa de projeto relativamente à construção de edifícios ecológicos em comparação com a construção tradicional, numa escala de 1 (menor) a 5 (maior)? (Por favor, tenha em atenção a resposta "Não tenho a certeza").

Riscos associados		Não sei	Menor…………………			…Maior	
			1	2	3	4	5
17.1	Financeiro	U	1	2	3	4	5
17.2	Jurídico	U	1	2	3	4	5
17.3	Desempenho	U	1	2	3	4	5
17.4	Regulamentação	U	1	2	3	4	5

18. Classifique a probabilidade de ocorrência, numa escala de 1 (baixa) a 5 (alta), dos seguintes riscos associados à construção ecológica para uma equipa de projeto. (Tenha em atenção a resposta "Não tenho a certeza").

Riscos associados		Não sei	Baixa				Elevado
			1	2	3	4	5
18.1	Despesas operacionais superiores às previstas	U	1	2	3	4	5
18.2	Estabelecimento de normas contraditórias e de requisitos de projeto potencialmente inatingíveis	U	1	2	3	4	5
18.3	Calendário dos impactos associados à construção sustentável	U	1	2	3	4	5
18.4	Não cumprimento dos requisitos de certificação	U	1	2	3	4	5
18.5	Utilização de materiais e produtos com falhas de desempenho imediatas	U	1	2	3	4	5

19. A sua organização planeia envolver-se na construção ecológica no futuro, especificamente em projectos que procuram obter certificação?

Sim	Não

Section 3: Comentários

Queira comentar a natureza e o conteúdo deste questionário, bem como a sua pertinência em relação ao tema da investigação.

Section 4: Dados pessoais

Por favor, introduza todos os dados solicitados, tal como indicado abaixo. As informações serão utilizadas em caso de dúvida. Os dados do questionário serão estritamente confidenciais e só serão utilizados para facilitar a investigação em causa.

ORGANIZAÇÃO: ____

ENDEREÇO: ______________________________ TELEFONE: ______________________________

FAX: ______________________________

MÓVEL: ______________________________

E-MAIL: ______________________________

PESSOA DE CONTACTO: ____

Obrigado pela sua participação e contributo para este inquérito e para a investigação.

Printed by Books on Demand GmbH, Norderstedt / Germany